轻松玩转无人机航拍

（拍摄+后期全攻略）

U0199758

宋兆锦 著

人民邮电出版社

北京

内容提要

随着无人机时代的到来，我们可以让它飞上天空，自由自在地俯瞰大地，看尽世间美景。近年来，无人机日渐亲民的价格和越来越自动化的操控性能，让普通老百姓也能轻松拥有它。不过，新机器到手之后，我们需要掌握一定的飞行和拍摄知识，才能更好地发挥它的优势，拍出精美的摄影作品。

本书以拥有量较大的大疆精灵3 PROFESSIONAL为例来讲解航拍，适用于大疆精灵3与精灵4系列机型。在内容上，本书首先告诉读者有关无人机的概念以及分类；接着介绍大疆精灵无人机的功能和操作方法，以及航拍前的准备工作、起飞后的注意事项、飞行进阶训练等；之后是无人机照片、视频的拍摄方法以及取景构图技巧；然后是无人机出现紧急状况时的应急处理办法及维修流程；最后是航拍照片与视频的后期制作以及全景照片的制作与分享。

本书可以作为无人机操作和摄影初学者的教程，也适合有一定飞行基础的飞手提升航拍技术。

前言

如果说汽车是人类腿脚的延伸，那么无人机就是人类眼睛的扩展。无人机能让你像坐上神话故事中的飞毯，进入一个全新的世界。在这里，你可以用前所未有的"上帝视角"观察这个世界，并记录下那一幅幅令人震撼并动人心魄的美景！

就像前几年数码单反相机逐步走下神坛、开始进入千家万户一样，这两年，民用无人机也开始走进寻常百姓家。我们都知道，数码单反相机的知名品牌都是外国品牌，而在无人机领域，国货可是世界领先的！笔者曾多次在三亚飞大疆精灵3时被外国游客围观，询问精灵无人机的性能，有的还想在中国买一架带回去。作为中国人，我也小小地自豪了一把！

与数码单反相机相同的是，无人机也是一种拍摄工具。无人机飞上天空，最终的目的也是拍摄照片；但在使用方面，无人机的操作要比数码单反相机复杂得多。对于新手来说，操作数码单反相机基本上没有什么风险，一按快门就能拍照，顶多就是照片拍得好与不好的区别。无人机可不一样，首先你得学会让无人机顺利起飞，之后通过手中的遥控设备控制空中的相机，才能完成拍摄。正因如此，使用无人机拍摄时，可能会遇到各种不可预见的因素，导致拍摄失败、机器毁坏甚至人身伤害等。鉴于以上原因，要想使用无人机拍摄令人赞叹的作品，首先你得掌握基本的飞行技术，其次还要学会一定的拍摄技巧，二者缺一不可。

因为工作的原因，我算是较早接触无人机的用户之一。这几年来我接触到的无人机业余飞手大致有以下两种。

第一种是航模爱好者。这个群体以青少年居多，他们大都是由固定翼航模转到多轴无人机领域的。这类群体的特点是，飞行技术高超，但在摄影、摄像知识和技巧方面有所欠缺。

第二种是摄影、摄像爱好者（含部分专业人士）。这部分人很多是资深的摄影、摄像发烧友。无人机为他们提供了一种与众不同的拍摄工具。这部分人有一定的摄影、摄像技术，但不太懂飞行。

笔者属于后一种飞手，从摄影起家，通过不断学习、训练，逐渐掌握了无人机飞行和拍摄的技能。所以，笔者对飞行有一种敬畏感，没有航模玩家飞行时的那种泼辣，可以说是飞手中的"稳健派"。从最开始接触无人机到现在，笔者没有出现过一次"炸机"事故。不过，我多次见识过周围朋友出现的炸机、飞丢的情况。为此，我总结了这几年飞行的一些经验，从飞行和航拍等多个角度，采用图文对应的方式，对大疆精灵无人机的飞行与拍摄做了系统的讲解，并且侧重实战。不管您是哪种飞友，相信都会对您有所帮助。

资源下载说明 ————

本书附赠23个教学短视频。扫描"资源下载"二维码，关注"ptpress摄影客"微信公众号，回复本书的5位书号49052，即可获得下载方式。资源下载过程中如有疑问，可通过客服邮箱与我们联系。

客服邮箱：songyuanyuan@ptpress.com.cn

目录

第4章　起飞　　　　　　　　　　　　　　　　　　　054

第5章　起飞进阶　　　　　　　　　　　　　　　　　　068

第10章　照片和视频的后期制作与分享　　166

第11章　全景照片的拍摄与制作　　186

第 *1* 章　初识无人机

　　无人机进入普通消费者领域是最近几年才开始的，因此很多人对这个名词还很陌生。本章中，我们将简单介绍一下什么是无人机，以及无人机的分类和各自的特点。

1.1　无人机的概念及分类

我们常说的无人机，其全称是无人驾驶飞机，是一种利用无线电遥控设备和机器自身的程控系统进行操纵的、一般不载人的飞行器，英文缩写为"UAV"。

无人机从结构上分主要有固定翼无人机、无人直升机和多旋翼无人机三个类型。

无人机从用途上分主要有军用和民用两种。早期的无人机基本都是军用无人机，主要用于侦察和执行攻击任务。直到2013年左右，民用无人机才开始了井喷式的发展。

固定翼无人机

民用无人机

无人直升机

多旋翼无人机(四轴)

多旋翼无人机(六轴)

1.1.1　民用无人机

　　近年来，民用无人机快速发展，到目前为止，已广泛应用在航拍摄影、农林植保、电力巡检、执法监察、灾难救援、遥感测绘、快递运输等领域。本书中所介绍的大疆精灵系列无人机也属于民用无人机的范畴。

灾难救援

电力巡检

航拍摄影

快递运输

遥感测绘

农林植保

1.1.2 四旋翼及多旋翼无人机

四旋翼无人机是一种以四个旋翼为动力装置、能够垂直起降的、一般不载人的飞行器。它具有垂直起降、悬停、倒飞、侧飞等能力，且结构简单、操控灵活、成本低、噪声小，是最常见的多旋翼无人机。大疆无人机多属于多旋翼无人机类型，大疆精灵系列即是典型的四旋翼无人机。

大疆常见的民用消费级四旋翼无人机现有"精灵"（Phantom）、"御"（Mavic）和"悟"（Inspire）三个系列。此外，大疆还有更专业的"经纬"（Matrice）六轴系列和"筋斗云"（Spreading Wings）八轴系列等飞行平台。

四旋翼无人机

大疆精灵（Phantom）

大疆御（Mavic）

大疆悟（Inspire）

大疆筋斗云（Spreading Wings）

大疆经纬(Matrice)

1.1.3 大疆"精灵"家族

在民用消费级无人机领域，大疆无疑是领军者。目前，大疆无人机已占据世界民用消费级无人机市场的80%左右。2013年大疆推出的精灵无人机更开创了民用消费级无人机的市场先河。

大疆精灵系列无人机可以说是目前市面上拥有量最多的消费级无人机，故本书以大疆精灵系列的主力产品之一的精灵3专业版（Phantom3 Professional）为范例，向大家详细介绍无人机的使用和航拍技巧。

大疆精灵

就像苹果开创了智能手机市场的先河一样，大疆凭借精灵开创了民用消费级无人机市场的先河。

我们可以看到，最初的精灵还不是和相机一体化的机身，它只是一个飞行平台，需单独购买相机、云台和图传等装置才能拍摄。

大疆精灵

庞大的大疆精灵3系列

精灵3系列从最初级的STANDARD版到最专业的PROFESSIONAL版，不同版本之间飞行参数基本一致，主要区别在遥控距离、定位精度和摄像能力上。

大疆精灵3系列应该属于民用消费级无人机领域里产品型号最多、拥有量最大、性能最成熟的主力产品。

大疆精灵2

在大疆精灵的基础上加以改进，大疆推出了精灵2。改进后的机身变成了整合云台和相机的一体化机身，功能有了很大的提升。大疆精灵2除了某些性能不同以外，外观和结构已经和现在市面上主流的精灵3系列没有太大差别。

大疆精灵2

大疆精灵4

大疆精灵4是大疆精灵系列的最新产品，是集成度、安全性更高的产品。

大疆精灵4

PHANTOM 3 STANDARD　　PHANTOM 3 PROFESSIONAL　　PHANTOM 3 SE　　PHANTOM 3 ADVANCED　　PHANTOM 3 4K

大疆精灵3系列

1.2 与无人机有关的一些行业术语

在无人机圈子里有一些约定俗成的称谓。为方便起见，本书后面将使用这些称谓代替一些过于书面的专有名词，在此做统一的解释。

螺旋桨：无人机的旋翼称为螺旋桨，有时单个螺旋桨也称为桨叶。

飞行器：无人机的飞行主体（不含遥控器），有时也称为主机。对于精灵 3 来说，飞行器为高度一体化的机身，包含云台和相机。

炸机：无人机发生侧翻、碰撞、坠机等严重事故并导致飞行器发生物理损坏。

相机：精灵 3 的相机同时也是摄像机，集摄影与摄像功能于一身。在本书中为方便起见，我们统一称为"相机"。

飞手：无人机的主飞行操控人员。无人机一般只有一个操作人员，但有时也会有多人操作，如云台手和教练等。这里飞手指直接用遥控器操作无人机飞行的人员。

1.3 安全第一

安全！安全！安全！重要的事情说三次！无人机不是玩具！不要冒险！一切飞行都必须建立在可以控制的前提下。这里将介绍一些与飞行有关的基本安全知识。如果您买了一台大疆无人机，而之前从没有无人机或航模飞行的经验，建议您抽出至少30分钟的时间，先仔细看看下面的内容。

大疆无人机不是玩具，而是一种专业工具。就像汽车一样，如果操作不当同样会造成重大的财产损失乃至人身伤亡事故，并有可能承担法律责任！在飞行之前，大家有必要了解无人机和飞行的相关知识。很多心急的爱好者第一次飞行就发生了炸机事故，甚至有些无人机还没有拿出家门就发生悲剧了！

首先，无人机的电机旋转速度极快，其带动螺旋桨高速旋转后无异于一把锋利的尖刀，如不小心触碰无疑会产生严重后果。无人机最常见的事故就是手指或手臂被割伤，右图所示可以说是最轻微的事故了，是精灵3螺旋桨边缘扫过手指造成的。如果是功率更大的"悟"，此手指能否保住就要打个问号了！

除了直接的人身伤害外，无人机如果撞击其他物体或坠落，也可能造成不可估量的后果。如果无人机坠落在储油站、炼油厂，或与飞机撞击，被吸入发动机，就有可能引发火灾、爆炸甚至机毁人亡的灾难性事故！

除了会直接导致物理性伤害外，无人机的使用还受到诸多法律法规的限制，我们统称为禁飞限制或禁飞区。即使没有造成严重后果，只要闯了禁飞区，同样可能受到拘留乃至判刑的处罚。所以，安全问题必须引起大家的重视，安全合法地飞行才能快乐飞行！

炸机示意图

大疆精灵3螺旋桨造成的伤害

引发灾害

1.4 无人机在航空领域的归属类型

为了弄清楚无人机在航空领域需要遵守什么样的法律法规，我们需要了解无人机在航空领域的归属类型。

从无人机的重量来看，自身重量≤7kg的属于微型无人机，7～116kg的属于轻型无人机，116～5000kg的属于大型无人机。大疆"精灵""御""悟"都属于微型无人机。

从种类上来看，飞行高度在1000m以下、飞行时速小于200公里、雷达反射面积小于2平方米的航空器，主要包括轻型、超轻型飞机（含轻型超轻型直升机）、滑翔机、三角翼、动力三角翼、载人气球（热气球）、飞艇、滑翔伞、动力滑翔伞、无人机、航空模型、无人驾驶自由气球、系留气球13类，都属于低慢小航空器。

综上所述，大疆精灵、悟、御都属于低慢小航空器里面的微型无人机。

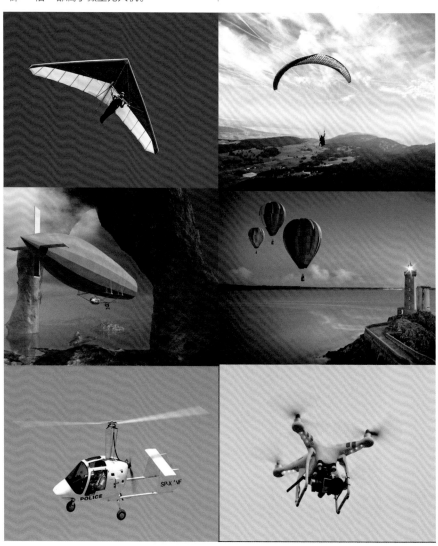

低慢小航空器

1.5 操作无人机需遵守的法律法规

操控无人机除了要遵守低慢小航空器的相关法律法规外，还需要遵守禁飞区的规定。

我们了解一下禁飞区：从字面上理解就是禁止某种飞行器飞行的区域（为了方便起见，在本书中我们把禁飞区和限飞区统称为禁飞区）。禁飞区有一定的复杂性，不同的飞行器禁飞区是不一样的。有些禁飞区是有明文规定的，有些是约定俗成的；有些禁飞区是永久性禁飞区，有些是临时性的。而且禁飞区有可能会不断变化。

对于大多数明文规定的永久性禁飞区，我们可以通过大疆官网来查询，进入大疆官网后，在"服务与支持"里选择"飞行安全指引"，在其中可进行禁飞区查询，也可以通过DJI App里面的地图来查询。

大疆最新的禁飞策略：2017年3月2日，大疆创新正式发布了民航机场的多边形禁飞区策略。新的策略采用阶梯递减式的限飞，及从跑道两端延伸15km、扩散斜率为15%的梯形范围。根据机场特点量身定制禁飞区及限飞区更加合理。下面为具体策略：

禁飞区

以跑道两端的中点为圆心，半径4.5km作圆（R1），两个圆所组成的平椭圆区域为禁飞区。

30m限飞区

以跑道两端的中点为圆心，半径7km作圆（R2），两个圆所组成的平椭圆区域与禁飞区非相交的部分为限飞区，限制高度为30m。

60m限飞区

跑道两端延伸15km、扩散斜率为15%的梯形范围（a）内，与30m限飞区及禁飞区非相交的部分为60m限飞区。

120m限飞区

以跑道正中点为圆心，半径10km作圆（R3），该圆形范围与禁飞区、30m限飞区及60m限飞区非相交的部分为120m限飞区。

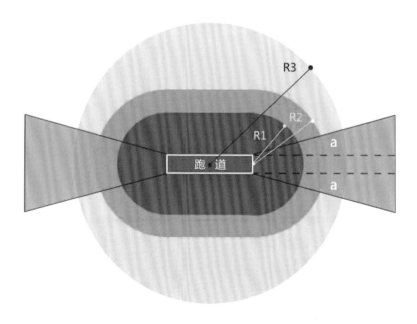

大疆机场禁飞策略图示

大疆创新新颁布的禁飞区策略看起来非常复杂，但是却极为合理。看得出来，这是与民航管理部门经过多轮沟通，在充分保障民航客机飞行安全的前提下最大限度考虑无人机用户体验的结果。实质上，这已经是尽可能地在保护无人机用户了。如果忽视禁飞管理规定，将有可能造成严重后果，付出的代价也是巨大的！

例如：2017年1月15日，有人上传了一个在杭州萧山国际机场附近、空中近距离拍摄飞行中的民航客机的视频。随后，这一事件受到警方调查。责任人已向警方自首。

下图为美国的禁飞区地图。

美国禁飞区

对于那些没有明文规定禁飞的区域或非永久性禁飞区，飞手们可以参照下面列举的禁飞区，并在飞前先咨询当地相关机构或者在网上查找相关资料来了解。在任何地方，包括国外，飞无人机都要遵守当地的法律法规。除了地图上标注的禁飞区外，以下地区一般也是禁止飞行的：

1. 所有政府机构上空，如中央政府、省政府、市政府所在地。

2. 所有军事单位上空。除了大的军区、舰队、军事基地外，还包括当地的军队、武警驻地和各种军事禁区等。

3. 带有战略地位的设施，如一些大型水库、水电站、大坝等，如果有军事单位驻守，远离！

4. 政府执法现场，如警方破案现场、大型群体事件现场等，虽然不指定禁飞，但是严禁未经批准而拍摄。

例如：2017年1月7日晚间，河北衡水桃城区一小区某楼层发生爆炸。次日，男子张某遥控无人飞行器到事故现场上方拍摄。衡水市公安局称，该行为影响救援，严重扰乱公共场所秩序，因此给予违法行为人张某行政拘留5天的处罚。

5. 政府组织的大型群众性活动，比如运动会、露天联欢晚会、演唱会等，警方会进行治安监控、无线检测，甚至也有无人机巡逻。如果你也去飞的话，就会造成干扰，或炸机伤人，或引起骚动围观。

例如：2017年3月11日，湖北武汉，中甲开幕赛和梁静茹演唱会活动现场，武汉市公安局治安管理局投入无人机反制枪"击落"多架无人机。

6. 监管场所上空，例如监狱、看守所、拘留所、戒毒所等。那些地方高度戒备，千万不要干扰人家的工作。

7. 火车站、汽车站广场等人流密集的地方。那是反恐敏感地带，大家就不要去添乱了。

8. 危险物品存放区，如炼油厂、储油站、储气站等。在这些地方飞行无人机，万一坠落或发生碰撞，其电池是可能起火或爆炸的哦！

常见的禁飞区

从上面可以看出，凡是敏感地区、人流密集地区、有危险物的地区都要尽量远离。此外，还要关注政府发布的临时性禁飞通知，如2017年两会期间北京"低慢小"航空器以天安门为中心半径200公里内禁飞！

携带无人机出国飞行还要了解当地的法律法规以及局势，尤其在对我国不太友好的国家一定要谨慎！

无人机的携带也要遵守相关的规定，例如乘坐飞机时，现在航空公司一般允许携带2块能量小于100Wh的电池；100Wh<能量<160Wh的电池需在值机柜台办理登机手续时向航空公司申报，获得许可，方可携带，且最多仅能带2块；能量为160Wh以上的电池一般不允许带上飞机。具体政策会经常发生变化，大家还应留意相关航空公司的具体规定。此外，无人机的电池和遥控器无法托运，只能随身携带。

第 2 章 熟悉大疆精灵 3 无人机

　　许多人收到无人机后，都迫不及待地想让它立即升空。但还是不能着急，再忍一忍吧！知己知彼，百战不殆。下面的内容是您能否顺利飞行的关键，必须要了解。

2.1 设备清单

收到大疆精灵3、打开包装后，请先检查一下物品清单。以大疆精灵3 Profession版为例，你的包装箱内一般应有以下物品：

主机（含相机、云台和云台锁扣）、遥控器（含天线、移动设备支架）、智能飞行电池（一般为一个）、充电器（一般为两个充电口，可分别为电池和遥控器充电）、螺旋桨（2套，分黑白两种颜色，含收纳袋一个）、数据卡、数据线、拆桨夹（协助安装桨叶）和说明书。此外，还有一些减震球、防脱落组件、脚架减震棉、贴纸等备用件。

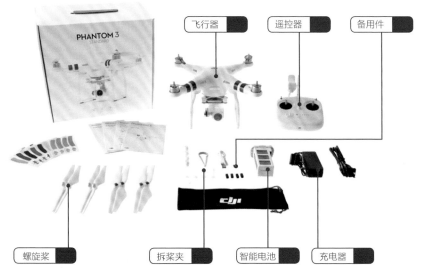

大疆精灵3 Profession设备清单

2.2　大疆精灵3飞行器

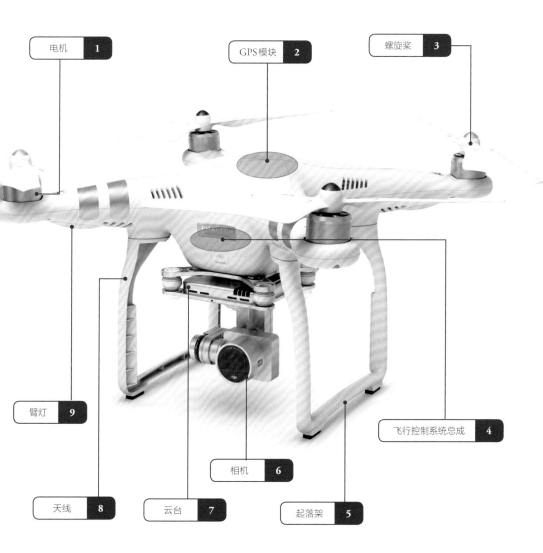

大疆精灵3飞行器

1. 电机
大疆精灵3共有四个电机，按对角线排列分成两对，两个正转（顺时针），两个反转（逆时针）。

2. GPS模块
大疆精灵3机壳顶部内置GPS卫星定位模块。除了Standard版是单GPS外，其他版本都采用定位精度更高的GPS和GLONASS双定位。在本书中为了方便起见，我们将各种卫星定位方式统称为GPS。

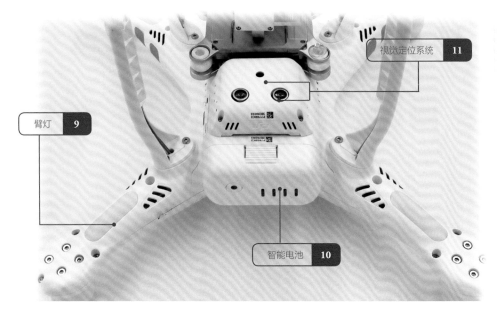

视觉定位系统 11

臂灯 9

智能电池 10

大疆精灵 3 飞行器背面

3. 螺旋桨

螺旋桨共有两对，一对为白色桨帽，另一对为黑色桨帽，按桨帽的不同颜色对应正反转电机。

4. 飞行控制系统总成

大疆精灵 3 机壳内置飞行控制系统总成，主要包括：主控芯片、IMU（惯性测量单元）、ESC（智能电调）等。

5. 起落架

大疆精灵 3 的起落架为雪橇式，不仅方便起降，还能为相机和云台提供一定的防护。

6. 相机

大疆精灵 3 的相机和飞行器机身为一体式，不可拆卸。相机不仅能拍摄照片；还能录制视频。

7. 云台

大疆精灵 3 的云台和相机及飞行器机身为一体式，不可拆卸。云台内含减震系统，为飞行中的拍摄提供可靠的稳定性。

8. 天线

大疆精灵 3 起落架内置信号天线，可接受遥控器的各种指令，并将其反馈给主控芯片。

9. 臂灯

前后共有四个臂灯，机头处一对为避障灯，机尾处一对为指示灯。

10. 智能电池

智能电池内置传感器及 LED 指示灯，可实时掌握飞行器电池状态、电池剩余电量等信息。系统会根据飞行距离计算返航和降落所需的电量和时间，使飞手对飞行时间有更准确的把控。

11. 视觉定位系统

通过感知地面纹理和相对高度，来实现低空无 GPS 环境下的精确定位和平稳飞行。

2.3　大疆精灵 3 遥控器

大疆精灵 3 遥控器既可单独地遥控飞行器执行简单的飞行，也可连接移动设备执行复杂的飞行和拍摄任务。

大疆精灵 3 遥控器可连接大多数的智能移动设备，如苹果手机、安卓手机、iPad Air 和 iPad mini 等，其中苹果系统要求不低于 iOS 8.0 版本，安卓系统要求不低于 4.1.2 版本。

大疆精灵 3 专业版遥控器

大疆精灵 3 遥控器分为专业版和简化版两种，其中专业版的功能更全面，控制距离更远。专业版控制距离为 5km 左右，而简化版只有 1km（SE 版改进为 4km）。此外，专业版遥控器为内置电池，简化版为可更换电池。

大疆精灵 3 专业版遥控器适用于 Professional、Advance、4K 版本。大疆精灵 3 简化版遥控器适用于 Standrand、SE 版本。本书将以专业版遥控器为例进行讲解。

大疆精灵 3 简化版遥控器

2.3.1 大疆精灵 3 遥控器详解

移动设备支架　**1**

移动设备（自备）　**2**

摇杆　**9**

天线　**3**

遥控器状态灯　**8**

电源开关　**6**

电量显示灯　**7**

智能返航键　**5**

充电口　**4**

大疆精灵 3 遥控器正面

1. 移动设备支架

用于夹持移动设备，可伸缩调节，最大可夹持iPad Air。

2. 移动设备

现在主流的苹果和安卓版手机和小型iPad基本都可使用。

3. 天线

遥控器的天线既可发送遥控信号给飞行器，又可从飞行器接收相机的图传信号。

4. 充电口

专业版遥控器内置6000mAh大容量锂电池，可通过无人机自带的充电器充电。

5. 智能返航键

也叫一键返航，按下此键可使无人机自动返回到返航点。

6. 电源开关

可以开启和关闭遥控器，并能帮助查看遥控器的电量。

7. 电量显示灯

此四个绿色小灯可显示遥控器电量，满电时四灯全亮，电量减少时从右侧开始小灯一个个由常亮变为闪烁继而熄灭。当电量全部耗尽时，四灯熄灭。

8. 遥控器状态灯

遥控器状态显示灯可通过不同的颜色与闪烁频率显示遥控器信号的收发状态。

9. 摇杆

遥控器有左右两个摇杆，可通过DJI GO分别赋予不同的功能，共同操控飞行器的启停和飞行。

10. 自定义遥控键

背面的两个遥控键可按飞手不同的操控习惯，在DJI GO里分别定义不同的功能，以方便飞手的操作。

11. USB接口

此USB口用于连接移动设备。

12. Mini USB接口

Mini USB口是预留口，主要是在厂家维修检测时使用。

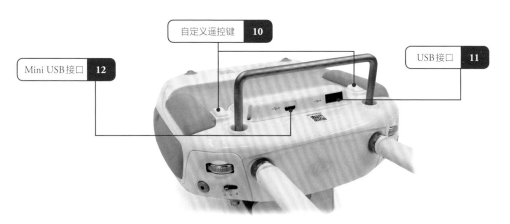

大疆精灵3遥控器背面

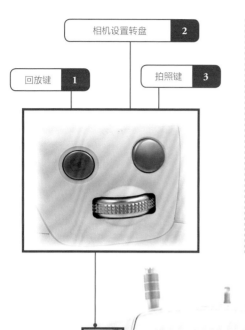

相机设置转盘　②

回放键　①　　　　拍照键　③

1. 回放键

短按一次，可通过 DJI GO 回放照片或视频；再次短按，返回到原拍照或录影模式。

2. 相机设置转盘

通过该转盘可快速对相机的参数进行设置，拨动转盘可选择需设置的参数，按下转盘切换到下一项设置，回放模式下可通过转盘查看照片或视频。

3. 拍照键

按下该建可拍摄照片。

大疆精灵3遥控器侧面

4. 飞行模式切换键

该键控制飞行器的飞行模式。大疆精灵3有三种模式：P（定位模式）、A（姿态模式）和F（功能模式）。

5. 录影键

按下该键开始录影，再次按下停止录影。

6. 云台俯仰控制拨轮

转动拨轮可控制相机镜头的俯仰拍摄角度。

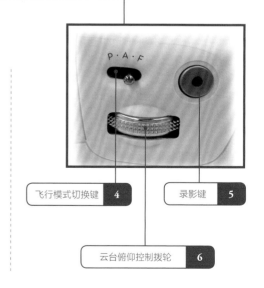

飞行模式切换键　④　　　　录影键　⑤

云台俯仰控制拨轮　⑥

2.3.2 美国手、日本手与中国手

大疆遥控器有两个摇杆，可对飞行器的飞行姿态进行控制。为适应飞手不同的操作习惯，两个摇杆的功能可进行自定义。我们常见的摇杆功能设定有美国手、日本手和中国手三种。一般来说，早期的航模玩家由于接触的日本航模设备较多，所以很多采用日本手。现在因为美国手更加贴近真实的飞机操控习惯，所以采用美国手的人逐渐增多。而中国手也称反美国手，所有设定都与美国手相反。

下面针对摇杆的三种设定分别为大家进行介绍。

油门：在无人机领域，大家一般形象地将负责飞行器升降的摇杆称作油门，向上推此摇杆称作加油门，向下推此摇杆称作收油门，本书后面也将采用这样的叫法，请大家注意。

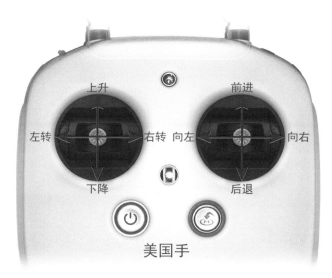

美国手直观图

美国手

油门在左。向上推左摇杆（油门）为加油，飞行器上升；向下推左摇杆（油门）为收油，飞行器下降。

向左推左摇杆，飞行器向左旋转（逆时针旋转）；向右推左摇杆，飞行器向右旋转（顺时针旋转）。

向上推右摇杆，飞行器向前直飞；向下推右摇杆，飞行器向后直飞。

向左推右摇杆，飞行器向左直飞；向右推右摇杆，飞行器向右直飞。

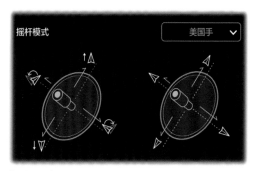

美国手示意图

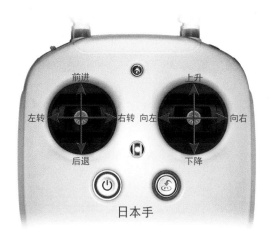

日本手直观图

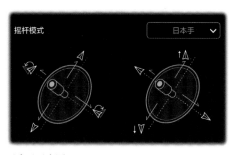

日本手示意图

日本手

油门在右。向上推右摇杆（油门）为加油，飞行器上升；向下推右摇杆（油门）为收油，飞行器下降。

向左推右摇杆，飞行器向左直飞；向右推右摇杆，飞行器向右直飞。

向上推左摇杆，飞行器向前直飞；向下推左摇杆，飞行器向后直飞。

向左推左摇杆，飞行器向左旋转（逆时针旋转）；向右推左摇杆，飞行器向右旋转（顺时针旋转）。

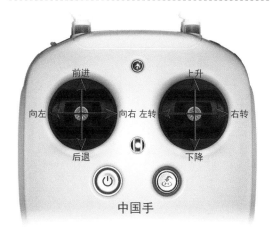

中国手直观图

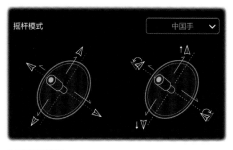

中国手示意图

中国手（反美国手）

油门在右。向上推右摇杆（油门）为加油，飞行器上升；向下推右摇杆（油门）为收油，飞行器下降。

向左推右摇杆，飞行器向左旋转（逆时针旋转）；向右推右摇杆，飞行器向右旋转（顺时针旋转）。

向上推左摇杆，飞行器向前直飞；向下推左摇杆，飞行器向后直飞。

向左推左摇杆，飞行器向左直飞；向右推左摇杆，飞行器向右直飞。

2.3.3 无人机工作原理

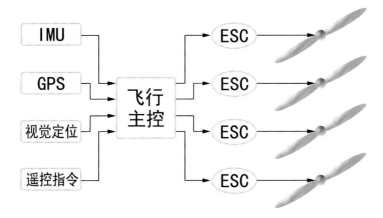

无人机工作原理

飞行主控通过搜集 IMU、GPS 或视觉定位系统提供的即时信息，计算出飞行器的现有状态（含位置、高度、速度、方向、倾角等信息），然后根据遥控器发出的指令，计算出无人机下一步应有的姿态，再通过 ESC 向各个电机输出相应电流，以控制每个螺旋桨的转速，使无人机得到相应的姿态，从而按控制飞行。

飞行主控：大疆精灵 3 的控制中枢和指挥中心。它搜集整个系统的实时数据，如电机转速、飞机当前位置、无线信号输入、传感器数据等，并对其进行分析，从而让飞机做出稳定响应。简称主控。

IMU：惯性测量单元。IMU 模块内置六轴陀螺仪及加速度计，实时检测飞机运动过程中的微小姿态变化并反馈给主控，主控可由此做出相应的姿态补偿和调节，使飞机时刻保持稳定飞行。

视觉定位系统：可以通过内置的视觉和超声波传感器感知地面纹理和相对高度，来实现低空无 GPS 环境下的精确定位和平稳飞行。

ESC：智能电子调速器，可将飞控指令迅速传至电机，同时将电机转速向主控实时反馈。双向传递路径使飞机能够更稳定地响应控制，带来更好的飞行体验和操控手感。

2.3.4 无人机姿态控制

四旋翼无人机的螺旋桨按对角线分成两对，共四个，两个正转（顺时针旋转），两个反转（逆时针旋转）。飞行器通过它们正好可以抵消螺旋桨旋转时产生的反向力矩。

当四个螺旋桨的转速相同时，可以使飞行器垂直上升、下降或水平悬停。

当紧邻的两个螺旋桨的转速超过另外两个螺旋桨时，飞行器将产生一定的侧倾，飞行器将朝着侧倾方向飞行。

当沿对角线的一对螺旋桨的转速超过另一对螺旋桨时，将产生反转力矩，飞行器将沿着反转力矩方向水平旋转。

通过小图我们可以看出，大疆精灵3的电机并非垂直安装，而是侧倾一定的角度，这样有助于加大反转力矩，加快飞行器的旋转速度。

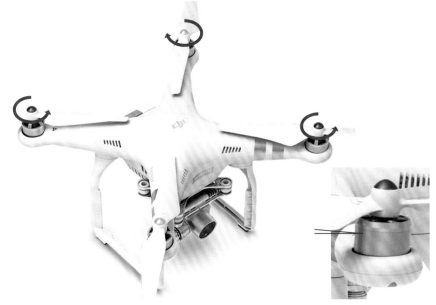

螺旋桨旋转方向与电机安装角度

上升：四个螺旋桨同时加速，飞行器上升。

下降：四个螺旋桨同时减速，飞行器下降。

向左飞：右侧的两个螺旋桨加速，飞行器向左侧倾，飞行器向左飞。

向右飞：左侧的两个螺旋桨加速，飞行器向右侧倾，飞行器向右飞。

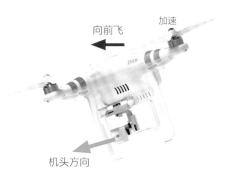

向前飞：后面的两个螺旋桨加速，飞行器向前侧倾，飞行器向前飞。

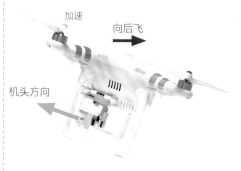

向后飞：前面的两个螺旋桨加速，飞行器向后侧倾，飞行器向后飞。

正转：对角线上的两个反转螺旋桨加速，飞行器顺时针旋转。

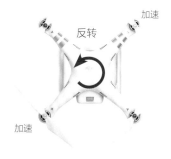

反转：对角线上的两个正转螺旋桨加速，飞行器逆时针旋转。

2.4 大疆DJI GO App

用于操控无人机的移动设备还需要安装相应的App，才能真正地操控无人机。我们可从移动设备的类似"App Store"程序里输入"DJI Go"查找并安装此应用。

2.4.1 DJI GO 主界面

启动DJI GO后将进入主界面，如果移动设备已经连接遥控器，并且遥控器和飞行器都已开机，DJI GO会自动启动并连接好相应的设备。

1. 飞行记录

在此处可查到你的飞行次数、飞行时间、飞行距离、最大速度、最高海拔等数据。

2. 设备选择

在此处可选择你要连接的设备。如果移动设备已连好遥控器，并且遥控器和飞行器的电源都已打开，App会自动连接该设备。

3. 教程和限飞区

在此处可查询限飞信息，并有教学视频和相关资料可供学习。此外，还有一个飞行模拟器程序，可供新手进行飞行模拟练习。

4. 个人账户

在此处可进入你的个人账户，可以进行账户设置，查看你上传的作品等。

5. 天空之城

这是一个聚集了来自全球各地的航拍爱好者和专业摄影师的航拍社交平台，大家在此展示个人作品并交流心得。

6. 相机界面

点击这里可进入设备的相机界面，并可对相机进行操控。当设备为带有相机的一体化无人机时，还可对无人机进行相应的操控。

7. 编辑器

在此处可进入编辑界面，编辑并发布你的照片和视频。当然，如果你想得到专业级的视频作品，还应在专业的后期编辑软件中完成。

8. 设备

点击这里可进入设备连接界面，选择你想要连接的设备，这也是DJI GO默认的主页。

DJI GO App

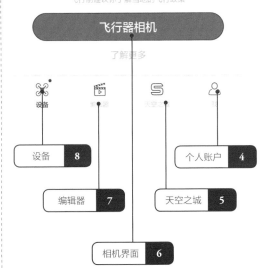

DJI GO主页

2.4.2 DJI GO 相机界面

点按"飞行器相机"键可进入相机界面。在这里，我们既可以观看到相机的实时图传和各种状态信息，还可以操控相机和设置各种参数。

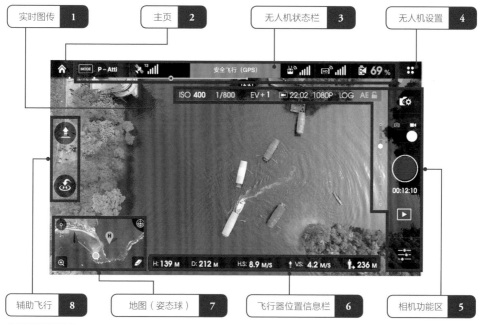

飞行器相机界面

1. 实时图传

相机界面可实时显示拍摄现场的照片信息，图传分辨率为720P。此图传既是拍摄的依据，也是大家安全飞行的重要保障。

2. 主页

单击此处可返回主页。

3. 无人机状态栏

通过无人机状态栏可了解无人机的工作状态，如各种信号接收情况、电池电量、剩余飞行时间、飞行模式和飞行器的状态。

此外，在状态栏的底部还有一个航程进度显示条，可以自动计算出返航位置（H点即为返航位置）。

飞行器相机界面

4. 无人机设置

点开此处的无人机参数设置窗口，可以进行飞控参数设置、遥控器功能设置、图传设置、智能电池设置和其他通用设置。

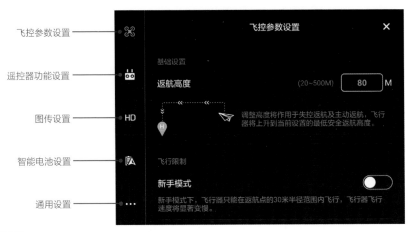

飞控参数设置————
遥控器功能设置————
图传设置————
智能电池设置————
通用设置————

无人机设置

5. 相机功能区

相机功能区分为相机参数信息栏和相机控制与设置栏两部分。相机参数信息栏可显示相机快门速度、感光度、拍摄格式等诸多信息；相机控制与设置栏可进行拍摄、回放、拍照与录影切换等操控，并可设定各种相机参数。此外，在该栏的左侧还可查看云台的俯仰角度。

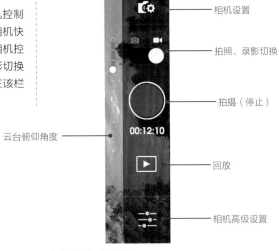

相机设置————
拍照、录影切换————
拍摄（停止）————
回放————
相机高级设置————

云台俯仰角度————

相机控制与设置栏

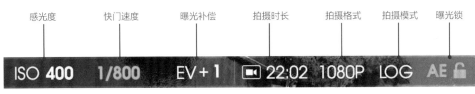

感光度　快门速度　曝光补偿　拍摄时长　拍摄格式　拍摄模式　曝光锁

ISO 400　1/800　EV + 1　22:02　1080P　LOG　AE

相机参数信息栏

6. 飞行器位置信息栏

高度：飞行器与返航点垂直方向的高度。

距离：飞行器与返航点水平方向的距离。

水平速度：飞行器在水平方向的飞行速度。

垂直速度：飞行器在垂直方向的飞行速度。

直线距离：飞行器与返航点间的直线距离（已将距离和高度综合考虑在内）。

飞行器位置信息栏

7. 地图（姿态球）

点按地图缩略图可将地图放大至全屏，此时实时图传缩小至左下角。在地图模式下可方便寻找和设置飞行路线。

点按地图缩略图右上角的球形标志，地图将化为姿态球。在此模式下可查看飞行器的姿态信息。

地图模式

姿态球模式

8. 辅助飞行

为了辅助新飞手，相机界面中还设置了两个自动飞行控制功能。

自动起飞（降落）：点按此处，飞行器可自动起飞。起飞后，自动起飞会自动变成自动降落。再次点按，飞行器会自动降落。

自动返航：点按此处，飞行器将自动返回至返航点。

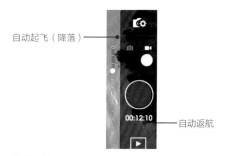

辅助飞行

2.4.3　DJI GO 飞行模拟器

在模拟飞行之前，将飞行器、遥控器和移动设备像正常飞行那样接好并开机，但千万不要安装螺旋桨，以免发生危险！

打开主页，点按右上角进入教程。在打开的学院界面中选择好想要模拟的机型，进入飞行模拟，就可以进行模拟飞行了。

苹果版移动设备和安卓版移动设备的操作界面略有不同。苹果版场景更大、更细腻；安卓版虽然场景简单，但增加了第一人称视角，并可方便地进行切换。

建议新手正式飞行前，最好在模拟器上多练习，可有效降低飞行事故的发生。

安卓版模拟器：场景较简单

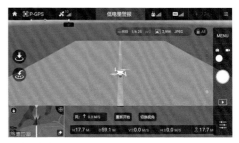

安卓版模拟器：俯视视角

安卓版模拟器：第一人称视角

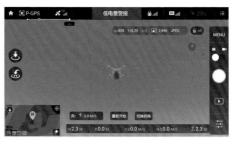

安卓版模拟器：仰视视角

苹果版模拟器：场景细腻开阔

苹果版模拟器：只有一个视角

第 3 章　起飞前的准备

为了后面的飞行能够顺利进行，起飞前有必要做一些基本的准备工作。比如，确认飞行环境安全，机器本身的充电、检查等。这些因素跟后面的飞行能否顺利、安全进行有直接关系。因此，本章内容是非常关键的。

3.1　检查飞行环境

无人机的飞行除了受到禁飞区的约束外，还会受到天气、周边环境等各种因素的影响。尤其是对于首次飞行的新手来说，起飞前一定要充分了解飞行环境，并做好各项检查。

3.1.1　了解飞行区域的状况

知己知彼才能百战百胜，飞行前我们要充分了解要飞行区域的各种情况，比如：周边有无机场等禁飞区、有无敏感区域、有无重要的大型建筑、当地的地形地貌（如海拔高度）等，提前做好准备工作。

想要具体了解以上信息，我们可以通过大疆地图查询，也可以通过百度、高德等第三方地图查询，还可以在网上直接搜索一些别人的飞行攻略，了解具体信息。不过看别人攻略时要注意时效性，因为这些信息并不是一成不变的。

重要建筑
如果当地有重要的大型建筑，如大坝、电站等，请远离

地形地貌
要了解飞行区域的地形地貌，如海拔高度、是否为特殊地形等。
精灵3的极限飞行高度为海拔6000m，超过后会由于空气稀薄造成飞行性能下降。如果在高原飞行，就要注意海拔高度问题。
此外，在沙漠、海滩等特殊的地形环境中飞行，容易造成设备故障，也要特别注意

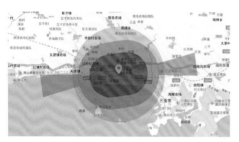

禁飞区
通过查询大疆禁网站或DJI GO的禁飞区地图避开禁飞区域

敏感区域
通过查询地图或其他网上信息，尽量避开敏感区域，敏感区域的定义详见第二章

景点攻略
一些知名的景点会经常有人去飞，大家可查询一下别人的攻略，看看需要注意些什么。
例如：三亚南山寺的南海观音上方，以前允许飞行，但据网友反映，该景点已经禁止无人机飞行拍摄了（上空有飞机航线）

3.1.2　查询天气情况

微型无人机的飞行受天气影响较大，尤其是新手，要避免在恶劣天气下飞行，如遇到雨、雪、雾、霾、沙尘、大风（5级以上）就不要飞了。

此外，环境温度过高或过低也不利于飞行，适宜飞行的环境温度为：0°C～40°C。

所以，飞行前请提前查询当地的天气情况，尽量避免在恶劣天气下飞行。

雾、霾
雾、霾天气会影响飞手视线，尤其对于新手来说，还不具备超视距飞行的能力，在看不清飞行器的情况下，很容易因慌乱而产生误操作，从而造成飞行事故。此外，雾、霾天气也会对拍摄效果产生较大的影响。所以，除非特殊需要，请不要在雾、霾天气时飞行。

雨、雪
精灵3的电机、云台和相机等很多部件裸露在外无法防水，在雨雪等天气下飞行，容易进水，造成设备的损坏，所以不要在雨雪天气下飞行。

沙尘
沙尘天气不仅影响能见度，还容易损坏电机和拍摄系统。因此，要避免在这样的天气下飞行。

大风
精灵3属微型无人机，其动力有限，无法抗拒大风，5级以上（含）大风容易造成飞行器的失控，所以请尽量避免在大风天气下飞行。

极端温度
无人机内的电池、电路和芯片等电子设备对温度较为敏感。为保证无人机的正常工作，应避免在极端温度下飞行。适宜飞行的环境温度为：0°C～40°C。很多时候由于温度过低，无人机甚至无法启动。

3.1.3　检查现场环境

　　到达飞行现场后，要先检查一下现场环境是否适合飞行，有无干扰飞行的因素。如遇下列情况，请远离该环境并重新选择飞行区域。

密集建筑

电线

树木

人群

信号发射塔

其他飞行物

3.1.4 起飞（返航）点的选择

　　起飞（返航）点的选择也非常重要，请在平坦、开阔、无遮挡的场地进行起降。坡度过大、地面凌乱的地方容易使飞行器起降时发生倾倒事故，植被过高和沙尘过多的地方容易缠住螺旋桨或损坏电机，有大块金属的地方（如停车场）则会干扰无人机的指南针，这些地方都应尽量避开。

平坦开阔的场地

植被过高

坡度过大

沙尘过多

地面凌乱

大块金属物体

3.2 检查无人机及相关设备

3.2.1 出发前的准备

飞行前，我们应将智能电池、遥控器和移动设备充好电。

对于移动设备的选择，从我个人的使用体会来说，最好选择屏幕大一些的iPad，这样既可方便观察图传，又可避免飞行中突然来电造成的干扰。

查看螺旋桨有无破损，不要使用损坏的螺旋桨。

检查镜头是否清洁，确保镜头上无异物附着；准备好容量适合的存储卡。

精灵3的遥控器支架最大可支持9.7寸的iPad Air2

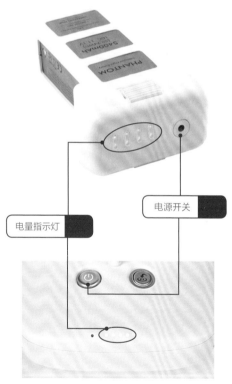

请不要使用破损的螺旋桨

智能电池和遥控器在充电时，电量指示灯会循环闪烁，显示当前电量。指示灯全部熄灭时表示电量已充满。

短按电源开关可显示当前电量，四灯长亮为满电状态，随着电量的减少，四个指示灯从右至左依次显示为长亮、闪烁、熄灭，四个指示灯全灭时表示电量耗尽。

确保镜头清洁，并使用适合的数据卡（新手建议使用原装卡）

3.2.2 组装无人机

一般来说，我们可以在飞行现场组装无人机。首先组装飞行器：将四只螺旋桨装到相应的电机上，插入数据卡，移除云台锁口，装入智能电池；然后准备遥控器：展开遥控器上的移动设备支架并调整好天线位置，将移动设备装入支架并卡紧，之后连接好数据线。

3. 按箭头方向移除云台锁扣。

4. 将数据卡插入云台侧面的卡槽中。

1. 安装四只螺旋桨：将带黑色桨帽的螺旋桨逆时针旋转，安装到黑色螺纹的电机上；将带银色桨帽的螺旋桨顺时针旋转，安装到银色螺纹的电机上。

确保螺旋桨安装正确：手动拧紧每只螺旋桨，确保螺旋桨都安装稳固，必要时可使用拆桨夹协助安装。

2. 将智能电池以正确的方向推入电池仓。听到"咔"的一声，表明电池已卡紧。

如果电池没有卡紧，有可能导致电源接触不良，影响飞行安全，甚至无法起飞。

5. 按下移动设备支架侧边的按键以伸展支架到合适的大小，然后放置移动设备并卡紧。

使用移动设备数据线将设备与遥控器背后的USB接口连接。

对于新飞手来说，如果有条件的话，可以给无人机加装一套螺旋桨保护罩，这样可大大降低新飞手发生炸机事故的概率。

螺旋桨保护罩可大大提高飞行的安全性，降低发生炸机事故的概率

安装时请注意螺丝的长短，不要顶坏飞行器。卸下的螺丝请妥善保管

安装后效果如上图

3.2.3　飞行器的放置

设备准备好之后，我们就可将飞行器放置在起飞点了。放置时要注意，相机旁边不得有物体妨碍其自由转动（开机时相机会转动自检）。

确认飞行器机头，让飞行器机头背对飞手。对于精灵3来说，相机镜头所在方向为机头，电池所在方向为机尾。

将飞行器放在平整平面上，以保证镜头可灵活转动

机头

相机镜头所指方向为机头，背面电池所在方向为机尾（机头方向有飞行器型号标识，并且前机臂有贴纸）

3.3　开机自检与激活

无人机上电自检与激活既可在飞行现场进行，也可提前在家完成。提前在家完成后，在现场飞行前还需重新进行自检。

3.3.1　开机

无人机开机的顺序是先开遥控器，再开飞行器；关机的顺序是先关飞行器，再关遥控器。这样的顺序可以确保万一飞行器有了状况，可以通过遥控器进行控制，增加安全性。这一点请大家切记！

遥控器开机时请先短按电源开关一次，再长按电源开关2秒以上。遥控器发出提示音，电源开关灯长亮，即表示开机成功

智能电池的电源开关即为飞行器的电源开关，操作方法和遥控器操作方法相同。开机后有提示音发出，电源开关灯长亮，即开机成功（基本上大疆产品开关机方法都是如此，短按一次可查看电量，短按一次后再长按2秒为关开机）

3.3.2　自检

无人机上电后，仔细观察会发现，飞行器和遥控器的一些指示灯会发生变化，相机镜头会自动旋转。这正是无人机进行自检的标志，只有自检全部正常后方可飞行。

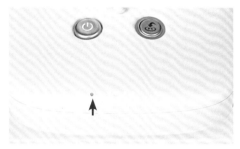

遥控器状态指示灯变为绿色，表示遥控器与飞行器成功连接

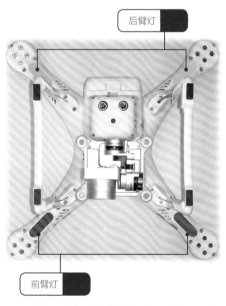

飞行器有四个臂灯，前臂灯为飞行器头部LED指示灯，用于指示飞行器的机头方向，飞行器上电后会显示红灯长亮（可在DJI GO里关掉）。后臂灯为飞行器状态指示灯，指示当前飞控系统的状态。绿色慢闪为使用GPS定位的模式，可安全飞行

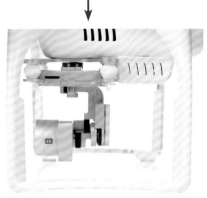

飞行器上电后相机进行自检,自检时相机将自动旋转,并由松弛状态变为水平朝向正前方。

所以,飞行器上电前一定要取下云台卡扣并保证相机周围无障碍。如果云台电机长时间无法正常转动的话,有可能已被损坏

飞行器上电后,相机状态指示灯将亮起。绿色长亮表示相机工作正常,如为红色长亮则表示相机有某种故障

3.3.3 激活

如果这台无人机首次被使用,你需要对它进行激活,并且在激活时可进行相关的设置。

准备好无人机各项设备,但不要安装螺旋桨,然后开机连接遥控器和飞行器

打开DJI GO,首次连接的无人机会进入激活界面。点击"下一步"

为你的无人机取一个名字(以后可通过DJI GO进行修改)。命名后点击"下一步"

设置摇杆模式，默认为美国手，点击"下一步"

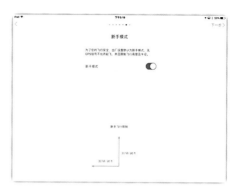

打开新手模式。为了您的飞行安全，出厂设置默认为新手模式。设置完成后，点击"下一步"

设置您的快捷键，您可以自定义遥控器背后的C1、C2按键，方便飞行时进行操作。设置完成后，点击"下一步"

设置您的激活账号，然后点击"激活"

设置您的参数单位和视频制式，视频制式国内一般使用PAL制较多。设置完成后，点击"下一步"

激活成功。建议您在实地飞行前进行飞行模拟练习

3.4 检查无人机状态

无人机上电连接自检后，我们还可以通过DJI GO对无人机的状态进行详细检查，并可修改一些设置。

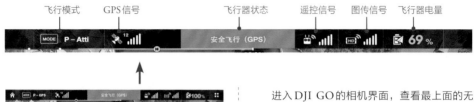

飞行模式　　GPS信号　　　　　　飞行器状态　　遥控信号　图传信号　飞行器电量

进入DJI GO的相机界面，查看最上面的无人机状态栏。

初次飞行，我们应确保飞行器满电，遥控信号和图传信号最好处于满格状态。

GPS卫星信号最好也为满格状态。我们可查看GPS卫星数量，飞行最低要求为6颗，最多可达20颗，数量越多表明信号越好。

我们要确保遥控器的飞行模式切换键处于"P"档，使显示的飞行模式为P-GPS模式（GPS定位模式）。

飞行器状态栏应为"飞行安全（GPS）"模式。

点击飞行器状态栏，我们将进入飞行器状态列表。详细检查每一项的状态。只有当所有选项都没有问题时，无人机才可飞行

点击"指南针"项的"校准"按键进入指南针校准模式。指南针的校准影响无人机的定位，指南针偏差严重的话，可能丢失飞行器，所以建议每次飞行前进行重新校准。单击"确定"开始校准

如上图所示，先水平校准指南针

再垂直校准

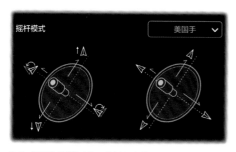

点击"遥控器模式"项的设置选项，进入摇杆模式设置界面。大家可根据自己的操作习惯选择美国手、日本手或中国手，在这里我们选择了美国手

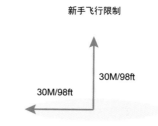

设定新手模式后，无人机只有在GPS信号良好的情况下才能起飞。其最大飞行高度和最大飞行距离都限制在30m的可视范围内，大大提高了飞行的安全性

此外，对于首次飞行来说，还应再确认一下是否打开新手模式。在相机界面单击右上角的无人机设置按钮，打开飞控参数设置，确认新手模式按钮处于开启状态

最后再检查一下相机界面中的图传画面是否正常。如无问题，无人机首飞前全部准备工作就已全部完成了。下一章我们将介绍无人机的飞行

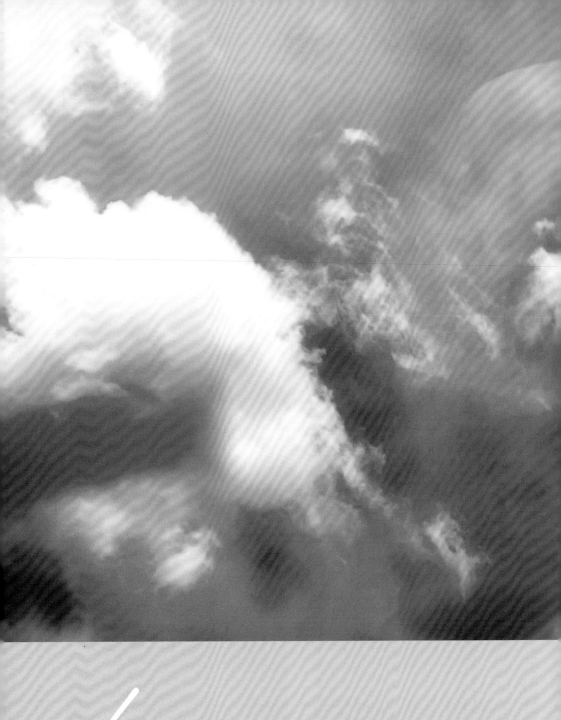

第 **4** 章　起飞

终于可以起飞了，这时的心情就像刚出窝的雏鸟第一次飞行时那样，既兴奋又紧张，充满期待……
请牢记下面这些要领，这将助您顺利地飞向天空。

4.1 首次起飞

首次起飞时，注意与无人机保持一定的安全距离，握好遥控器，激活电机，然后开始飞行。

4.1.1 握持遥控器的姿势

飞行器离开地面之后，一切飞行动作都是通过我们手中的遥控器来控制的。正确握持遥控器，可以让我们更加准确、方便地操纵遥控器。握持时需要注意以下几点：

1. 握持遥控器时，请双手握住遥控器的两侧。

2. 两个大拇指轻轻按住遥控杆的顶端。

3. 两个食指放在遥控器前端两侧，以方便操控各种按键和转盘。

正确的天线指向

错误的天线指向

4. 操控飞行器时，务必使它处于最佳通信范围内。及时调整操控者与飞行器之间的方位与距离，或天线位置，以确保飞行器总是位于最佳通信范围内。

4.1.2　启动电机

正确持握好控制器后，我们可以启动电机。执行内八或外八掰杆动作可启动电机。电机起转后，请马上松开手，让摇杆回到中间位置。

内八：将两个摇杆同时向内侧斜下方45°方向打到底，如上图所示

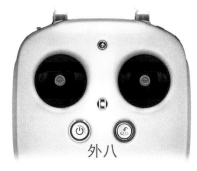

外八：将两个摇杆同时向外侧斜下方45°方向打到底，如上图所示

电机启动后，飞行器将进入待机状态，螺旋桨将自转以便于起飞前自检，并可自检电机的状态以保证飞行的安全。

4.1.3　自动起飞

1. 首次起飞时，为了保险起见，我们可以选择自动起飞。如图所示，先单击【自动起飞按钮】。

2. 在弹出的确认窗口中向右拖动滑块，飞行器即可自动起飞。

3. 起飞后，飞行器将在离地面 1.2 m 处保持悬停。

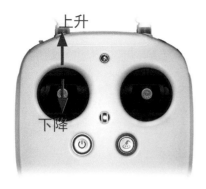

降落后自动关闭电机。

4. 自动起飞后，我们可以操作左边的油门，控制飞行器做一些简单的上升和下降的练习。操作时注意，一定要缓慢轻柔地打杆，打杆量要小并且不要离地面过近，以免操作失误。

操作时我们可以体会一下摇杆的灵敏度，为以后更复杂的操控做好准备。

4.2　手动飞行

4.1.4　自动降落

同样为安全起见，首次降落我们先将飞行器降低至1.2m左右高度，然后点击【自动降落按钮】。

4.2.1　手动起飞

通过前面的自动起飞和降落，我们已经对无人机的飞行有了一个大体的认识，这次我们来尝试一下纯手动飞行。

1. 操作时将飞行器平稳地放置于起飞点，并让机头指向前方，让机尾对着自己。

在弹出的确认窗口，向右拖动滑块，飞行器即可自动降落。

2. 内八字打杆，激活电机，然后缓慢匀速地向上推油门。这时，无人机将平稳地起飞。

手动对尾起飞

4.2.2　手动降落

除了自动降落的方式之外，我们也可以选择手动降落的方式让飞行器落回地面。

1. 需要下降时，缓慢下拉油门杆收油，使飞行器缓慢下降，落于平整地面。

特别注意：降落后，电机不会马上关闭

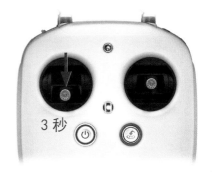

2. 落地后，将油门杆拉到最低的位置并保持3秒以上，直至电机停止。

3. 确认电机关闭后才可接近飞行器。

4.2.3　关机

和开机一样，也是先短按电源，再长按电源两秒以上。电源开关灯灭，关闭成功。

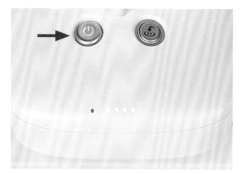

电池关闭后再关遥控器，方法和关电池一样

4.2.4　紧急停机

在飞行过程中，万一遇到大风或GPS信号受到严重干扰，导致飞行器方向失控，有可能撞向人或重要建筑等紧急情况时，我们可以通过紧急停机来使电机停转，让飞行器从空中坠落，从而最大限度降低损失。

紧急停机的具体操作：在飞行时将油门键向下拉到底并同时按下返航键，这时电机会紧急停机。

千万注意：除非飞行过程遇到特别紧急情况，否则紧急停机不可轻易使用。紧急停机后，飞行器会由于电机停转失去动力而坠毁，这是一种丢车保帅、迫不得已的方法！

将油门键按到底并同时按下返航键，电机会紧急停机

紧急停机后飞行器会由于电机停转失去动力而坠毁

4.3　空中基本飞行动作练习

为了保证飞行安全，我们要找一个GPS信号良好的空旷场地进行一些最基本的飞行训练，为后面的航拍打下基础。如果有条件，建议进行一些系统性的训练，具体方法参见第7章。

4.3.1　悬停

在GPS信号较好且风力较小的情况下，只要松开摇杆，飞行器就可较稳定地进行悬停。

当GPS信号不佳或风力较大的情况下，飞行器会有一定幅度的漂移。这时我们可轻柔地操作右侧的方向杆，沿反方向对漂移量进行轻微补偿，从而保证飞行器稳定地悬停。

需要注意的是，飞行器机头指向和飞行方向密切相关。飞行时，只有找对机头再相应地操作方向杆，飞行器才能沿我们想要的方向飞行，所以飞行时，我们要随时注意前臂灯以确认机头的方向。

飞行器稳定悬停

微调方向杆可克服漂移

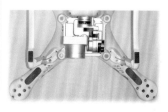

通过前臂灯辨认机头

4.3.2　对尾飞行训练

让飞行器的机尾对准我们，机头朝向前方，先在1.5m左右的高度上保持悬停；然后向前轻推方向杆，此时飞行器平稳地向前飞行；再尝试向后、向左和向右操作方向杆，飞行器将相应地向后、向左和向右飞行。

飞行时会发现，在对尾飞行时，飞行器的飞行方向和遥控器的打杆方向是一致的，所以对尾飞行方式是最直观也是最安全的飞行方式，可以最大限度地避免方向操作的失误。

一般情况下，我们在起飞和返航降落时都要让机尾对准自己进行对尾操作，从而提高安全性。

此外，在对尾飞行时，向右打左遥控杆，飞行器将顺时针旋转；向左打左遥控杆，飞行器将逆时针旋转。

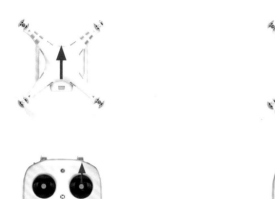

对尾前进

对尾后退

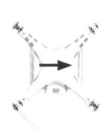

对尾向左

对尾向右

对尾顺时针旋转

对尾逆时针旋转

4.3.3　对头飞行训练

在一些特殊情况下，我们需要进行对头飞行，如自拍和拍摄主体渐远的效果等。

在练习时让飞行器的机头对准我们，机尾朝向前方保持悬停；然后向后轻推方向杆，此时飞行器将向前飞行；我们再尝试向前、向左和向右操作方向杆，此时我们将发现，飞行器的飞行方

向和我们操作方向杆的方向完全相反！

所以，如果我们飞行时不小心迷失了机头的方向，则有可能造成方向操作的失误，从而导致事故的发生。

此外，飞行器的旋转方向操作保持不变，仍是向右打杆顺时针旋转，向左打杆逆时针旋转。

对头前进

对头后退

对头向左

对头向右

对头顺时针旋转

对头逆时针旋转

4.3.4 四位飞行练习

为进一步提高飞行时的方向感，我们还可进行四位飞行训练。所谓四位飞行训练，就是在对尾飞行和对头飞行以外，再加入正右侧飞行和正左侧飞行的训练。

进行四位飞行训练时，方向杆的控制方向都发生了变化，但飞行器的旋转方向操作保持不变，都是向右打杆顺时针旋转，向左打杆逆时针旋转。

左侧向左

左侧向右

左侧前进

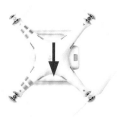

左侧后退

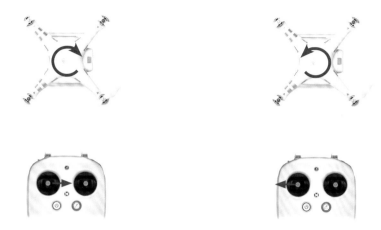

左侧顺时针旋转　　　　　　　　　　左侧逆时针旋转

四位飞行训练看似很复杂，但只要掌握了规律也不难学会。我们可以假想无人机是架真飞机，自己正坐在上面，摇杆就是真实的飞机操作杆，这样可以增强我们的方向感。

大家在训练时，如果突然忘记了方向也不要着急，这时只需松开摇杆，让飞行器保持悬停，然后再确认机头，改为对尾飞行即可。

此外，无论机头朝哪个方向，左摇杆对飞行器旋转方向的控制都是不变的。

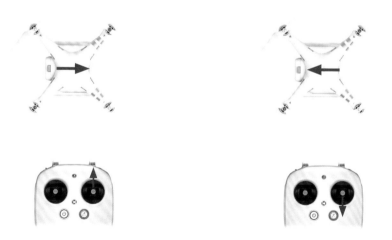

右侧向右　　　　　　　　　　　　　右侧向左

右侧向后

右侧向前

右侧顺时针旋转

右侧逆时针旋转

4.3.5　四向悬停训练

　　掌握四向飞行的基本规律后，我们可以再做一下四向悬停训练。首先让飞行器在 1.2m 左右的高度上保持对尾、对头、正左侧和正右侧的悬停，然后轻触方向杆，微调飞行器的方向和姿态，克服因风力和定位误差使无人机产生的少量漂移，让飞行器尽量保持悬停的稳定。

对头悬停

对尾悬停

左侧悬停

右侧悬停

第 5 章　起飞进阶

　　大疆精灵3无人机，个头虽小但功能强大。想要玩转精灵3，从菜鸟变高手，除了要掌握一些基本的飞行技巧之外，还要学会一些高难度的技巧，这会让你的飞行更有趣味。在本章，将教大家一些进阶飞行技巧。

5.1 飞控参数设置

当我们经过一定程度的练习，对无人机的飞行有一定了解后，就可以退出新手模式，进入正常的飞行模式，充分地发挥无人机的性能了。下图是精灵3的基本飞行性能。

重量（含电池及桨）	1280g
轴距	350mm
最大上升速度	5m/s
最大下降速度	3m/s
最大水平飞行速度	57.6km/h
最大可倾斜角度	35°
最大旋转角速度	150(°)/s
最大飞行海拔高度	6000m
最大飞行时间	约23min

精灵3基本飞行性能

此外，遥控信号在无干扰的情况下，理论最远控制距离可达5000m，最高升限可达500m。可见，小小的精灵3性能还是很强悍的，满足一般拍摄需求绰绰有余。不过为了安全起见，我们需要在DJI GO中对飞行性能做一些必要的限制，具体步骤如下：

升限和遥控距离

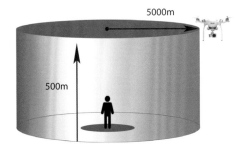

精灵3理论升限和遥控距离

1. 首先解除新手模式：进入GJI GO，打开无人机设置，在飞控参数设置里将新手模式关闭。

单击右上角的【...】，即可打开无人机设置功能菜单。

打开飞控参数设置页面，即可关闭新手模式，如上图所示。

2. 关闭新手模式后将出现新的飞控参数设置，需对各参数进行相应的设置。

限远：精灵3遥控信号最远可达5000m，但距离太远的话，无人机信号容易丢失，从而造成飞行事故。打开距离限制开关可限制无人机的飞行距离，相当于给无人机加了一道保险，提高了操控时的安全性。

如飞行距离必须超过500m，可关闭距离限制开关，但有一定风险，要随时注意安全。

距离限制开关

限高：DJI GO里精灵3高度限制在20～500m范围内。如果设置的高度限制超过120m，将会弹出安全高度声明窗口。

限高范围

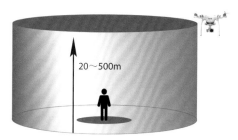

精灵3的限高范围是20～500m

设置的高度限制超过120m，将会弹出安全高度声明窗口

声明

你正在修改最高飞行高度，这可能违反当地法律法规（比如：美国联邦航空管理局规定的400英尺，约121米）。你且只有你对在这个高度被修改后的飞行负责和需承担法律责任。大疆创新和它的分公司和分支机构不会对在此之后的任何事故负责。无论是合同上的还是衡平法上。

拒绝	同意

升限和遥控距离

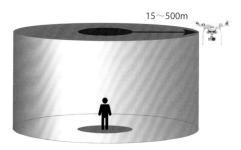

精灵3的限远范围在15～500m

安全高度：精灵3的安全飞行高度为121m，这是因为美国等很多国家对无人机的飞行高度有严格的要求，超过120m有违反当地法令的风险。如果您点击确定，设置超过120m的安全高度，您将承担由此产生的后果。

返航点设置：精灵3起飞后，既可手动操作返航，也可自动返航。当自动返航时，需对返航点进行设置。如返航点设置不当，可能会造成无人机的丢失或降落事故的发生。

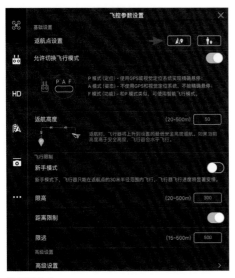

设置返航点

设置无人机当前位置为返航点：简单地说就是你进行设置时，无人机现有的位置就成为返航点。

这种情况下，DJI GO会自动把起飞点设置为返航点，无人机返航时会回到原来的起飞点。

但如果设置完后你将无人机带走，而在新的位置起飞，由于各种原因返航点又没有自动更新成功，当启动自动返航功能时，无人机就有可能回到原来的返航点，从而造成无人机的丢失。

设置无人机当前位置为返航点

设置遥控器当前位置为返航点：遥控器也就是飞手的位置成为当前返航点。

这种情况下，无人机返航时会回到飞手身边。此种模式方便无人机飞行时，飞手需改换位置、远离原起飞点的情况。

返航时需要注意新返航点的降落条件，以避免无人机降落困难。

设置遥控器当前位置为返航点

返航点自动更新：飞行器开机后，GPS信号首次达到要求（两格及以上，GPS图标为绿色）时，DJI GO将自动记录飞行器当前位置为返航点。记录成功后，飞行器状态指示灯将快速闪烁若干次，并伴有"返航点已更新"的提示音。

返航点自动更新的效果与设置无人机当前位置为返航点是一样的。我们每次起飞前都要确认返航点已经正确地设置，否则很可能导致飞行器丢失或飞行事故的发生。

返航点自动更新

返航高度设置：精灵3自动返航时是无法躲避障碍物的。为避免撞机，无人机会先爬升到一个安全的高度，避过障碍然后返航。这个高度即为返航高度，设置范围为20～500m。

如飞行器当前的高度高于你设置的返航高度，无人机会直接水平飞回再降落，而不会先下降。

特别注意：

返航高度一定要设置得比无人机可能经过线路的周边所有障碍物都要高一些。例如，无人机返航时可能会经过这个小区附近，小区最高楼约为80m，我们的返航高度最好设为100m左右，以免发生碰撞。

返航高度设置

返航高度一定要比周围所有楼的高度还要高

5.2 飞行模式

精灵3有三种飞行模式——P模式、A模式和F模式，其中P模式又分为P-GPS、P-OPTI和P-ATTI。

允许飞行模式切换：打开飞控参数设置菜单，将【允许切换飞行模式】开关打开，则遥控器上飞行模式切换键生效，可以进行切换。否则切换键将失效，不管怎么切换，无人机始终处于P模式。

对于新手，建议将开关打开，以免在飞行时不小心误切换。

打开【允许切换飞行模式】开关

可在遥控器上调整飞行模式开关，进行飞行模式的手动切换

切换完成后，可在DJI GO相机界面最上面的信息栏中查看当前飞行模式。其中P-GPS为P模式，ATTI为A模式，F-GPS为F模式。

P模式(定位模式)

A模式（姿态模式）

F模式（功能模式）

5.2.1 定位模式

P模式，即定位模式。该模式使用GPS模块或视觉定位系统来实现飞行器的精确悬停。根据GPS信号接收强弱状况的不同，P 模式会在以下三种状态中自动切换：

P-GPS：GPS卫星信号良好，使用GPS模块实现精确悬停。

P-OPTI：GPS卫星信号欠佳或在室内无GPS，使用视觉定位系统实现精确悬停，也称视觉定位模式。

P-ATTI：GPS卫星信号欠佳，且不满足视觉定位条件，仅提供姿态增稳。

就是说，即使在室内，精灵3也有机会正常工作。

注意：精灵3 Standard版无此功能。

视觉定位系统

P-GPS

P-GPS：GPS卫星信号良好，界面上显示信号为两格以上，可使用 GPS 模块实现精确悬停。

P-OPTI

P-OPTI：也称视觉定位模式，在精灵3飞行器后部螺旋桨下方，安装有一套视觉识别和超声波定位系统。即便是没有GPS信号，只要悬停高度不超过3m，识别范围30～300cm的传感器也会让精灵3的悬停误差范围保证在0.5m之内。也

P-ATTI

P-ATTI：GPS卫星信号欠佳，且不满足视觉定位条件，仅提供姿态增稳，和姿态模式类似。和姿态模式不同的是，姿态模式是飞手主动选择的，P-ATTI是条件不好时被动进入的。

从安全上讲：

P-GPS模式定位最精确，安全性最高，可实现精准悬停，是优先选择的模式。

P-OPTI模式依靠视觉定位系统实现有条件的精确定位，安全性次之。

P-ATTI模式无法定位，飞行器会随气流漂移，安全性最差。新手应避免使用该模式。

P-GPS、P-OPTI、P-ATTI模式

5.2.2　姿态模式

A模式，也称姿态模式，该模式不使用GPS模块与视觉定位系统进行定位，仅能提供正常的飞行姿态，若GPS卫星信号良好可实现返航。

姿态模式下，只能依靠无人机内部的飞行主控进行姿态的调整，让飞行器尽量保持水平，而不需要遥控器调整其姿态。但是由于没有定位，飞行器会随气流漂移。

姿态模式和P-ATTI模式一样，都无法提供悬停定位功能，飞行器会随气流漂移，非常容易飞丢甚至炸机，安全性最差。新手应避免使用该模式。

姿态模式

在姿态模式下，会弹出警告，如果GPS信号欠佳，地图会失效且不能返航。

危险的姿态模式

注意：除了我们主动通过遥控器切换姿态模式外，如果飞行环境的GPS信号欠佳，或在密集的楼宇中和室内，无人机可能会自动进入姿态模式，此时如果不加注意，极易造成失控炸机。

5.2.3　功能模式

F模式，也称功能模式。DJI GO为方便大家的飞行，开发了几种定制的特殊飞行功能，对精灵3来说，有兴趣点环绕、航点飞行、热点追踪、返航锁定、航向锁定五个功能。未来随着技术的进步还会有更多、更好的功能，为大家提供便利。

用遥控器切换到F模式，DJI GO相机界面。此时无人机状态栏中飞行模式变为F-GPS模式，左侧出现一个无人机的图标。

单击无人机图标，会弹出功能模式菜单，里面列出兴趣点环绕、航点飞行、热点追踪、返航锁定、航向锁定五个功能模式。单击其中一个，就可进入该模式。下面我们将逐一介绍这几种模式。

功能模式

功能模式菜单

注意：在新手模式下如果已打开此飞行模式切换开关，也可切换到功能模式，但飞行性能受限。

5.2.3.1 兴趣点环绕

所谓兴趣点环绕，就是设置一个兴趣点，比如一座建筑或你自己，随后飞行器将以它为中心自动环绕飞行。飞行时，我们可以让镜头始终朝向中心，方便各种拍摄。

记录兴趣点后，飞行器会自行围绕它飞行。环绕过程中，机头将一直指向兴趣点。环绕过程中，可动态调整环绕半径以及方向等参数。

兴趣点环绕示意图

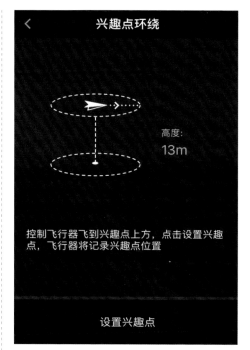

设置兴趣点窗口

单击功能模式菜单中的兴趣点环绕，进入兴趣点环绕界面

我们首先设置兴趣点：将飞行器飞到想要拍摄的物体的正上方，调整好飞行高度。此高度即为飞行器的环绕飞行高度。然后单击【设置兴趣点】即可。

将马车设为兴趣点

兴趣点设置完成后，即进入兴趣点环绕设置界面。在该界面中我们可设置环绕的半径，让飞行器水平离开兴趣点。此时环绕半径数值开始发生变化。飞行器和兴趣点之间的距离即为环绕半径。

此外，我们还要设置一下返航高度。飞行器电量不足时将自动返航，所以返航高度应设置为比周围最高的物体还要高一点，以保证安全。

单击【立刻执行】，飞行器即围绕兴趣点开始飞行。飞行过程中，你可以控制相机拍照或摄像。

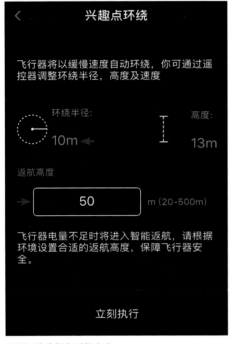

设置环绕半径和返航高度

设置兴趣点环绕半径

当我们控制飞行器远离控制点时，环绕半径数值开始变化

单击【立刻执行】，飞行器即开始环绕兴趣点飞行

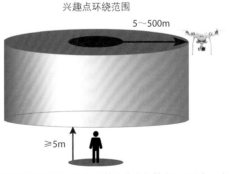

兴趣点环绕时，飞行器的高度应保持在5m以上，半径应在5～500m

在环绕飞行时，我们还可以用移动设备和遥控器来调整飞行器的姿态和位置。

摇杆控制示意图

我们还可以通过兴趣点环绕控制界面来调整环绕的速度和方向。

按住中间的速度滑块，向左侧拖动为顺时针旋转，向左侧拖动得越多环绕的速度越快；向右侧拖动为逆时针旋转，向右侧拖动得越多环绕的速度越快。速度滑块下方还显示出环绕一圈所需的时间。

此外，在该界面中还可以进行飞行器的暂停和朝向重置。

改变环绕速度

当滑块越过中心点时，即可改变环绕方向。下图所示，为由顺时针环绕变为逆时针环绕。

改变环绕方向

退出兴趣点环绕模式：可以在控制界面中单击【退出】按键，或在相机界面中单击【STOP】按键。这时会弹出一个提示窗口，告诉我们退出后飞行器将原地悬停，确认后即可退出兴趣点环绕模式。

退出环绕模式

5.2.3.2 航点飞行

航点飞行，即飞行中设置多个航点，就可让飞行器在既定航线上以平滑曲线重复飞行，获得最流畅的视频拍摄效果。

设置好航点后，飞行器可自行飞往所有航点，以完成预设的飞行轨迹。飞行过程中可通过摇杆控制飞行器的朝向。航点飞行功能可广泛应用于摄像、巡检、农林植保等领域。

航点飞行示意图

航点飞行可应用于农林植保等领域

单击功能模式菜单中的航点飞行，进入航点飞行界面

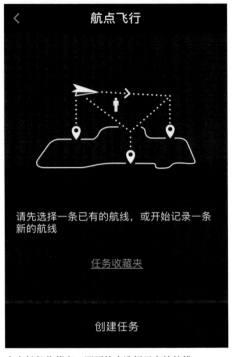
点击任务收藏夹，即可从中选择已有的航线

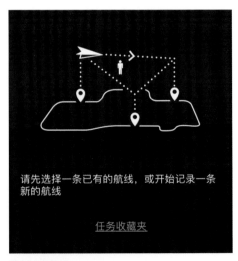
选择已有航线

将飞行器飞到第一个航点并调整好高度和机头朝向，点击记录航点，或遥控器上的快捷键C1，即可记录下此航点。航点的位置除了经纬度外，也包括高度和机头朝向等信息。

单击删除航点或C2快捷键，即可删除最近一个记录的航点。

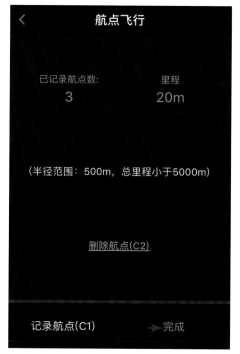

记录航点

粉色点即我们记录的航点，此次我们记录了三个航点，并生成一条航线。

注意：航点飞行最少要设2个点，点间距最少5m，最多可设99个航点。

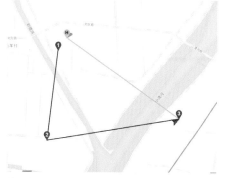

单击【完成】，生成航线

航点记录完成后会弹出航线参数设置窗口，我们可在其中设置飞行时的机头朝向、任务完成后的动作选择和飞行速度等参数。

其中，飞行时机头朝向分为自由控制、跟随航点和跟随航线3种，具体如下。

自由控制：是指飞行中机头朝向可以通过遥控器自由控制。

跟随航点：是指预先记录每个航点的机头朝向，飞行时飞行器机头平滑转动至目标航点的预设朝向。

跟随航线：是指飞行器根据飞行轨迹平滑地自动调整机头，以保持和航线一致。

航线参数设置

选择机头朝向

滑动速度滑块可设定航点飞行时的速度

飞行任务完成后，可以让飞行器保持原地悬停，或直线返回返航点

为保险起见，飞行前还要设置智能返航高度。智能返航是当无人机判断电量不足时执行自动返航的一种安全措施。默认返航高度为50m。我们可根据现场情况设定，最好让返航高度高于航线附近所有物体的高度，以保证安全。

设定完毕后，单击【立刻执行】，飞行器即按照事先设定的航点开始飞行。

返航高度设置

飞行时可调整速度滑块以改变飞行速度。此外还要注意，如果飞行器失去遥控信号，将继续按原路线飞行，而不会悬停或返航。

单击航点飞行界面右上角的【小星星】可收藏此次任务，以后可重复使用。

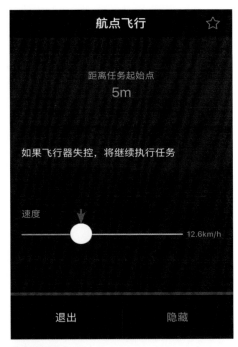

改变飞行速度

收藏本次任务

航点飞行执行完毕

5.2.3.3　热点追踪

热点追踪启用后，飞行器将自行跟踪移动设备，随移动设备的移动而移动。移动设备必须连接遥控器，也就是说，飞行器此时是追踪飞手而移动的。

注意，此功能需配合带有GPS定位功能的移动设备使用。

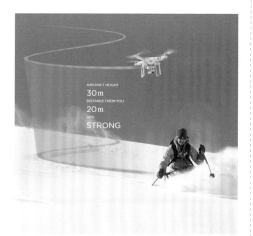

热点追踪

笔者的iPad Pro无GPS功能，无法使用

换上有GPS功能的安卓手机后可以使用

将飞行器与飞手的高度、距离等相对位置设定好，点击【执行】，飞行器即保持该距离随飞手的移动而移动。单击【STOP】后，飞行器保持悬停。

航向锁定界面

注意：热点追踪的有效范围是：高度不低于10m，水平距离在5～50m范围内。

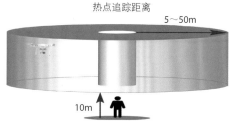

有效范围

飞行器跟随飞手移动

5.2.3.4　返航锁定

返航锁定功能有这样的作用：当飞行器远离视野时，可开启返航点锁定模式。不管飞行器机头朝向何方，你都能掌握飞行方向。回拉摇杆，即可轻松返航。

记录返航点后，使用俯仰控制杆控制飞行器返回返航点，飞行航向与机头朝向无关。

返航锁定为飞手返航操作提供了方便，但它不同于自动返航。返航锁定后，飞行器的控制权仍在飞手的手中，可增加返航的安全性。

返航锁定后，遥控器向后退方向打杆，飞行器即可返航。但当返航到距离飞手5m远的地方，飞行器便停止返航了，这时再往后拉遥控杆也没有效果了。此时，如果向左或向右打杆的话，飞行器将以5m为半径绕飞手飞行，向右为顺时针，向左为逆时针。

返航锁定示意图

不管机头朝向如何，向后退方向打杆即可返航

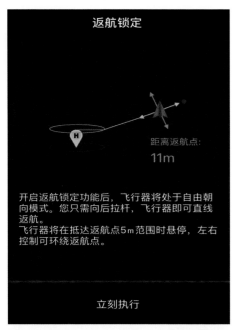

单击功能模式菜单中的返航锁定，进入返航锁定界面

返航到距飞手5m时停止返航

返航锁定退出后，飞行器悬停，需人工操作降落

5.2.3.5 航向锁定

航向锁定功能的作用：开启航向锁定后，飞行器将记忆当前朝向，之后不论机头指向如何调整，飞行器都将以记忆的朝向飞行。

例如，记录航向时的机头朝向为正前方，锁定航向后，飞行器的机头无论怎么旋转，航向都以正前方为认定的机头方向，与现在机头的方向无关，您无需关注机头方向即可简便控制飞行器飞行。

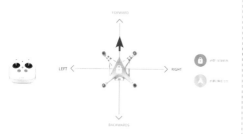

1. 将机头旋转到要记录的方向。

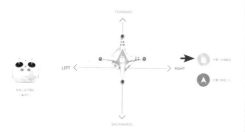

2. 按下【锁定航向】按钮，锁定航向。

单击功能模式菜单中的【航向锁定】，进入航向锁定界面

进入航向锁定模式后，调整好机头的朝向。这时我们可以轻打方向杆，前后左右试试飞行的方向。这时的方向就是便于飞手操作的飞行方向。然后我们单击"立刻执行"，该飞行器的前后左右的飞行方向便被固定，无论飞行器怎样旋转，机头方向如何变化，打方向杆后，飞行器的飞行方向都将保持不变。

为保证安全、避免误操作，航向锁定设置成功后，界面上会有提示。

退出该模式后，飞行器将原地悬停。

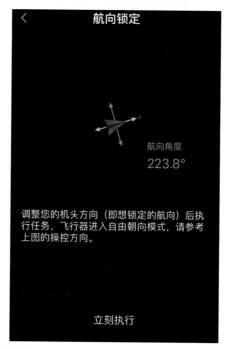

单击【立刻执行】，飞行器的前、后、左、右飞行方向便被固定

航向锁定时的界面提示

5.3　超视距飞行

　　所谓超视距飞行，指的是在超过人眼观察范围内的飞行。简单说，就是飞行过程中已经看不见飞行器了。

　　一般来说，为安全起见，我们应尽量在视距内飞行。如果有特殊情况必须进行超视距飞行的话，我们需要掌握一定的超视距飞行技巧。

　　所谓超视距并没有高度和距离的统一标准，每个人的视力都不一样，光照情况和空气能见度等诸多因素都会影响我们对无人机的观测，例如刺眼的阳光就会大大增加我们的观测难度。

　　当我们失去对无人机的观测时，很多新手会非常紧张，很容易误操作，从而造成丢失、炸机等飞行事故。所以，不管是主动的还是被动的，超视距飞行都是飞手必须掌握的技能之一。

　　超视距飞行时应对所飞路线有所了解，如地形，地貌，障碍物的高度、类型等，并且要避免无人机与飞手被障碍物隔开，从而丢失遥控信号。

　　超视距飞行时，应避开人员密集区和其他重要区域，以免炸机时造成严重后果。

5.3.1　依靠图传飞行

　　超视距飞行时，由于我们看不到飞行器，所以必须依靠图传来飞行。这时请紧盯你的图传屏幕，随时注意躲避前方的障碍。尤其要注意飞行

双击屏幕可进入全屏模式，方便屏幕小的移动设备进行观察

器的高度，因为像电线等一些障碍物，很难通过图传观测到。最好在飞行前观察好飞行器可能经过路线的各种障碍物，让飞行器始终保持在安全的高度。

　　当搞不清楚周围情况时，可以先让飞行器在空中悬停，然后让它旋转一周，观察一下周围的情况，不要盲目飞行。

注意飞行器的高度，让其保持在安全高度上

紧盯图传，随时躲避障碍物

随时关注无人机的各种位置信息

随时关注无人机状态栏，了解无人机的飞行状态，如GPS信号、遥控信号、图传信号、剩余电量和飞行模式等信息

5.3.2 依靠地图飞行

超视距飞行距离较远时，由于镜头角度的限制，我们很容易迷失方向。尤其是在缺少地标物指向的时候，辨别方向就更加困难。

当我们辨别方向困难的时候，可以单击下面的地图窗口，使移动设备切换到地图界面。在地图界面中，我们可以很容易地找到飞行器和返航点的位置，方便飞行器的定位。定位完毕后再单击图传窗口，就可以立即切换回相机界面。

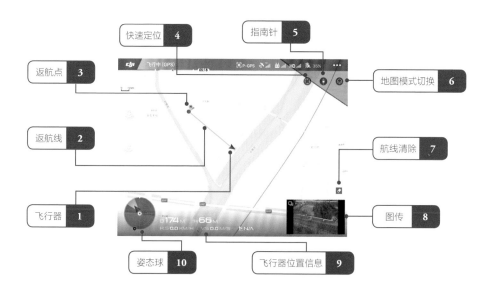

1. 飞行器

箭头代表飞行器，箭头所指方向即机头方向，前方有一道绿色光束，代表镜头朝向。

2. 返航线

当飞行器与遥控器距离较远时，它们之间会出现一条绿色连线，可用于调整机头的方向和返航。

3. 返航点

地图上蓝色圆点为遥控器所在位置，绿色标记点为返航点。当移动设备没有GPS功能时，只显示绿色返航点。

4. 快速定位

快速定位可立即定位返航点和飞行器。单击快速定位按钮，弹出一个选框，左侧为快速定位返航点，右侧为快速定位飞行器。

快速定位返航点

快速定位飞行器

5. 指南针

指南针有锁定和解锁两种模式。当指南针锁定时，地图保持上北下南方向不动；当指南针解锁时，地图随遥控器转动而转动。

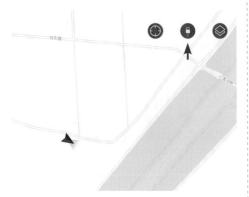

指南针锁定

指南针解锁

6. 地图模式切换

单击右上角的【地图切换】按钮，会弹出三种切换模式：标准地图、卫星地图和复合地图。

标准地图为默认模式，卫星地图显示的是卫星实景。复合模式是标准地图和卫星地图的复合，既有实景又有道路的标注和地名的显示。

标准地图

卫星地图

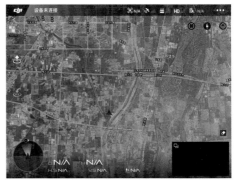

复合地图

7. 航线清除工具

单击航线清除工具可以清除地图上的航线。

航线清除

8. 图传缩略图

地图界面中，图传缩到一角，单击之可切换回相机界面。

图传缩略图

9. 飞行器位置信息

可提供飞行器的高度、距离、水平速度、垂直速度和距飞手的距离等信息。

飞行器位置信息

10. 姿态球

姿态球可显示飞行器的前进、后退、左右俯仰和机头转向等姿态变化。

飞行时姿态球配合图传、地图和位置信息等使用，可让飞手在超视距的情况下，依然可以掌握飞行器的动态，是无人机安全飞行的一项重要参考依据。

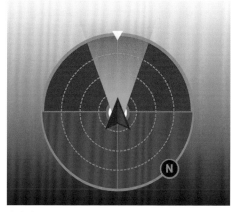

姿态球

5.3.3 学会使用姿态球

在 iPad Pro 这样的大屏幕移动设备中，左下角为姿态球，右下角为地图缩略图。但在手机和 iPad Mini 这样小屏幕的移动设备中，只有左下角的地图缩略图，点击地图缩略图右上角的姿态球按钮才可切换到姿态球模式。单击姿态球可切换回地图缩略图。

大屏幕移动设备

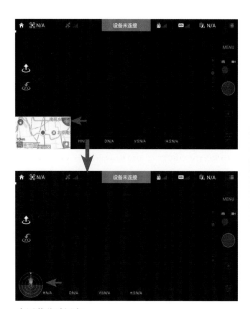

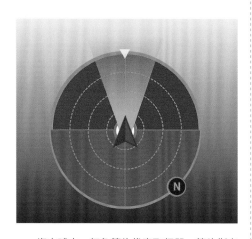

小屏幕移动设备

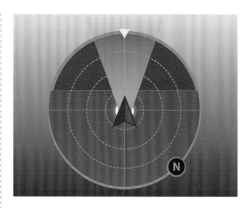

飞行器向前飞时，飞行器向前倾斜，蓝色的水平面上升。飞得越快，水平面上升得越高。

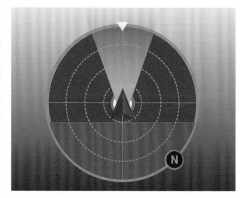

飞行器向后飞时，飞行器向后倾斜，蓝色的水平面下降。飞得越快，水平面下降得越低。

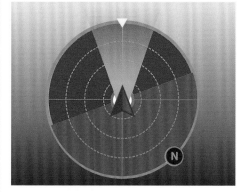

姿态球中，红色箭头代表飞行器，箭头指向为机头方向。机头方向有一束绿光，表示相机镜头的朝向。

白色小三角代表遥控器所指的方向。

蓝色部分为水平面，当飞行器飞行姿态发生变化时，水平面跟着变化。

"N"表示正北方的位置。姿态球的中心点为遥控器所在位置。

飞行器向左飞时，飞行器向左倾斜，蓝色的水平面向左倾斜。飞得越快，水平面向左倾斜得越多。

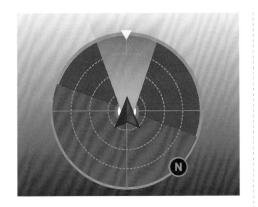

飞行器向左飞时，飞行器向右倾斜，蓝色的水平面向右倾斜。飞得越快，水平面向右倾斜得越多。

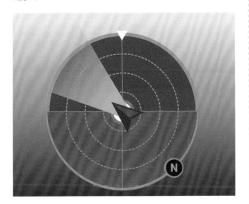

飞行器旋转时，红色箭头跟着旋转，箭头所指方向为机头方向。

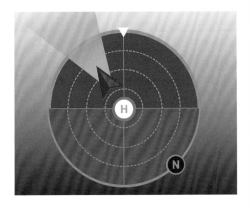

飞行器飞远后，箭头会离开中心点，中心点处的"H"标志为返航点。

5.3.4 超视距返航

超视距飞行时，返航可分为手动返航、一键返航和强制自动返航三种情况。

手动返航：可切换到地图模式，找到返航连线，调转机头，直接沿返航连线返回。返航时可辅以参考图传、姿态球和飞行器信息来保证安全。

或者调整姿态球，让机头和遥控器方向对齐，然后向后拉方向杆，飞行器即可向回飞。

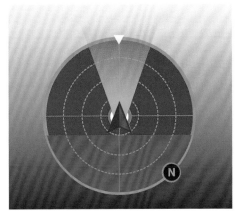

对齐机头

向后拉方向杆

一键返航：单击相机界面的返航键或按下遥控器上的智能返航键 2 秒以上。听到提示音后，飞行器便进入智能返航模式。

智能返航过程中，用户仍能通过遥控器控制飞行器的航向。

再次单击相机界面的返航键或按下遥控器上的智能返航键即可退出智能返航模式，飞手可重新获得对飞行器的完全控制。

地图连线返航

一键返航

自动返航

强制自动返航：精灵 3 系列飞行器具备强制自动返航功能。若起飞前成功记录了返航点，则当遥控器与飞行器之间失去控制信号时或电量过低时，飞行器将自动返回返航点并降落，以防止发生意外。

强制自动返航

注意：自动返航过程中，飞行器不会自主躲避障碍物，但用户可使用遥控器控制航向以躲避障碍物。所以在自动返航过程中仍要紧盯图传和各项参数，切不可掉以轻心。

自动返航调整

失控自动返航：打开无人机设置中的非空参数设置，进入高级设置，在失控行为中选择返航。当控制信号丢失时，飞行器就进入自动返航状态。

我们也可以根据现场的情况选择下降或悬停。当然，如果条件允许，还是应该优先选择自动返航。

失控返航

低电量智能返航：精灵3会根据飞行的位置信息，智能地判断当前电量情况。若当前电量仅够完成返航过程，DJI GO app 将提示用户是否需要执行返航。若用户在10秒内不作选择，则10秒后飞行器将自动进入返航。返航过程中可短按遥控器智能返航按键，取消返航过程。智能电量返航在同一次飞行过程中仅出现一次。

短按【智能返航】键可取消返航

电池能量槽：此进度条为无人机系统根据飞行器的高度、距离等因素估算的飞行器电量状态。它是我们飞行时决定何时返航降落的重要依据。当严重低电量报警时，将触发低电量智能返航。

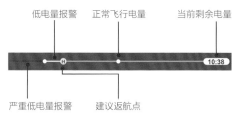

智能飞行电池电量过低时，没有足够的电量返航，仅够实现降落，飞行器将强制降落，且不可取消。返航和下降过程中均可通过遥控器（若遥控器信号正常）控制飞行器。

电量不足以返航时，飞行器将强制降落

受民用GPS的精度影响，飞行器自动返航时定位精度误差约在2m以内。

如果降落点情况比较复杂，我们可以在飞行器下降时用遥控器对降落点进行微调，或取消自动降落，直接手动接管。

自动返航精度误差

5.4 夜间飞行与灯语

夜间飞行视线不佳，危险性较高。飞行时，除了要盯紧图传等各种信息外，还要掌握无人机灯语的含义，并在白天提前考察好飞行线路，做到心中有数。

如飞行路线有电线等障碍，应尽量远离。在夜间，这些细小的障碍是很难被发现的。

夜间我们无法看清飞行器，但其四臂的指示灯会非常显眼，这成为我们判断机头方向和飞行器状态的重要依据。

要远离这样的障碍物

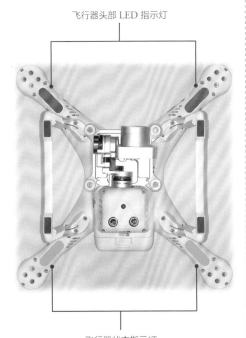

飞行器头部 LED 指示灯

飞行器状态指示灯

灯语：就像海上航行的旗语一样，由四臂指示灯组成的灯语成为无人机和飞手间交流的重要方式之一。

前臂灯：即飞行器头部 LED 指示灯，用于指示飞行器的机头方向，在电机启动后将会显示红灯长亮。

后臂灯：即尾部的飞行器状态指示灯，指示当前飞控系统的状态。请参考下表了解不同的闪灯方式所表示的飞控系统状态。

正常状态	
●●●……红绿黄灯连续闪烁	系统自检
●●……黄绿灯交替闪烁	预热
●……绿灯慢闪	可安全飞行（P模式，使用GPS定位）
●●……绿灯双闪	可安全飞行（P模式，使用视觉定位系统定位）
●……黄灯慢闪	可半安全飞行（无GPS无视觉定位）
警告与异常	
●●……黄灯快闪	失控
●……红灯慢闪	低电量报警
●●……红灯快闪	严重低电量报警
●……红灯间隔闪烁	放置不平或传感器误差过大
●……红灯常亮	严重错误
●●……红黄灯交替闪烁	指南针数据错误，需校准

飞行器状态指示灯含义

飞行器前臂灯默认是打开的，可以在飞行器设置的高级菜单中将其关闭

总之，夜间飞行风险较大，请尽量让飞行器保持在视距内飞行

5.5 室内飞行与视觉定位

由于室内无GPS信号，且空间狭小，P-GPS模式无法定位，ATTI模式又很容易炸机，故建议在室内尽量使用P-OPTI模式（视觉定位模式）。

起飞准备完毕 (GPS)	🛰 P-GPS

P-OPTI模式（视觉定位模式）

视觉定位系统为超声波与图像双结合的定位系统，通过超声波判断当前高度，同时利用摄像头获取飞行器位置信息，从而将飞行器精确定位。视觉定位系统位于飞行器底部，由摄像头和超声波传感器两个模块组成。除了定位功能以外，它也能提供飞行器对地高度参考。

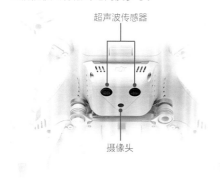

视觉定位系统

采用视觉定位模式的基本步骤：

1. 使用遥控器上飞行模式切换开关，将飞行模式切换至P模式。

2. 开启智能飞行电池，等待飞行器状态指示灯显示绿灯双闪。

3. 掰杆起飞，视觉定位系统自动工作，无需人工干预。

在无GPS信号的情况下，将飞行模式切换到P档

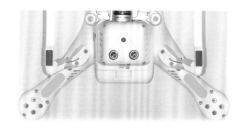

后臂灯绿灯双闪，无人机进入视觉定位模式

起飞后，当视觉定位条件满足时，飞行器即可实现精准定位飞行

视觉定位的条件：

1. 请确保视觉定位系统的摄像机镜头清晰、无污点。

2. 视觉定位系统使用高度在0.3～3m范围内。

3. 由于视觉定位系统依赖地表图像来获取位移信息，请确保周边环境光源充足，地面纹理丰富。

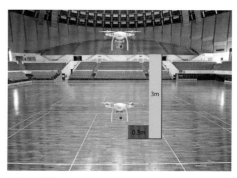

工作高度为0.3～3m

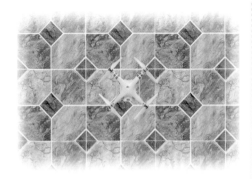

地面纹理清晰

视觉定位有严格的条件限制，水面、厚地毯、纹理稀疏、光照不足等都会影响视觉定位的效果。

视觉系统测量精度容易受光照强度、物体表面纹理等因素影响，而超声波则会在某些吸音材料上出现不能正常测距的情况。在视觉和超声波失效的情况下，视觉定位模式会自动切换到姿态模式。所以，在以下场景，应谨慎使用视觉定位系统：

1. 低空（0.5 m以下）快速飞行时，视觉定位系统可能会无法定位。

2. 纯色表面（如纯黑、纯白、纯红、纯绿）。

3. 有强烈反光或者倒影的表面。

4. 飞行器速度不宜过快，如离地 1 m 时，飞行速度不可超过 4 m / 秒；离地 2 m 时，不可超过 8 m 秒。

5. 水面或者透明物体表面。

6. 运动物体表面（如人流上方、大风吹动的灌木或者草丛上方）。

7. 光照剧烈、快速变化的场景。

8. 在特别暗（光照小于 10lux）或者特别亮（光照大于 10,000 lux）的物体表面。

9. 对超声波有很强吸收作用的材质表面（如很厚的地毯）。

10. 纹理特别稀疏的表面。

11. 纹理重复度很高的物体表面（如颜色相同的小格子砖）。

12. 倾斜度超过 30 度的物体表面（不能收到超声波回波）。

水面会影响视觉定位效果

下列情况使用视觉定位系统可能会引起飞行事故，请尽量避免：

1. 在使用视觉定位系统的过程中，注意附近不要开启其他40KHz的超声波设备，包括其他飞行器。

2. 视觉定位系统会发出人耳无法感知的超声波，该超声波或会引起动物不安，使用时请远离动物。

视觉定位模式在室内使用时，受条件限制较多，请随时注意飞行模式。如飞行模式变为姿态模式，请注意安全，在室内用姿态模式飞行，炸机概率较高！

避免互相干扰

在室内飞行时，要注意飞行模式的变化

远离动物

第 **6** 章　无人机拍摄技巧

  我们可以把精灵3看作一台会飞的数码相机。除了与普通数码相机近似的功能外，它还有航拍相机的一些独特之处。

  本章中，将教大家如何设置和操控精灵3，顺利完成照片和视频的拍摄录制。

6.1　了解精灵3的拍摄系统

精灵3的拍摄系统主要由云台与相机两大部分组成，具体结构如下：

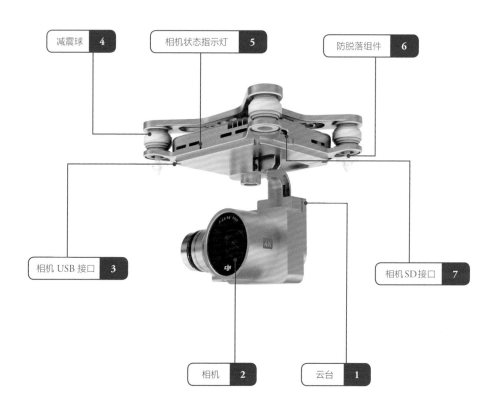

1. 云台

精灵3的云台为三轴稳定云台，可为相机提供稳定的支撑，使得相机在飞行器高速飞行的状态下，也能拍摄出稳定的画面。用户可通过遥控器的云台俯仰拨轮动态调整镜头的俯仰角度。

三轴稳定云台

转动遥控器左侧的云台俯仰拨轮，可以调整相机的上下俯仰角度。精灵3相机的上下俯仰角度范围为向上30°～向下90°。

精灵3只有这个上下俯仰轴在飞行时可人工控制，其他两个轴由无人机自行调整，无需飞手控制。

云台俯仰拨轮

相机俯仰角度

跟随模式

精灵3镜头向上拍摄时，很容易拍到自身的螺旋桨，造成穿帮，大家需注意。

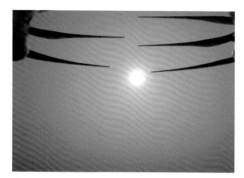

镜头穿帮

在无人机设置菜单里，打开相机设置，可设定云台模式和校准云台。

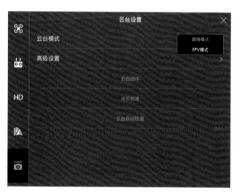

云台模式

FPV模式

2. 相机

精灵 3 Professional 相机配备 20mm 定焦广角镜头，恒定光圈为 F2.8，视角 FOV94°。采用 1/2.3 英寸 CMOS 影像传感器，静态照片拍摄分辨率可达 1200 万有效像素，并可拍摄每秒 30 帧的 4K 超清视频。标配 UV 镜片以保护镜头。

精灵 3 系列无人机与其他品牌的无人机之间最主要的区别就是相机的拍摄参数。在照片拍摄上，它们的参数一样，最大分辨率都是 4000×3000。而在视频拍摄上，Profession 版可拍摄 4K 视频（4096×2160p），Advace 版只能拍摄全高清 FHD 视频（1920×1080p），而升级后的 Standard 版则可拍摄 2.7K 视频（2704×1520p）。

3. 相机 USB 接口

在飞行器电源开启的情况下，通过 Micro USB 连接线连接到 PC，可以方便地拷贝相机 Micro SD 卡内的照片/视频（用户也可通过 SD 读卡器读取相片和视频数据）。

此外，在无人机升级的时候，也可以将 PC 下载的升级包通过此接口直接拷贝到 Micro SD 卡中，方便升级。

4. 减震球

安装在云台与飞行器机身上的四个减震球可有效提升相机的稳定性。

5. 相机状态指示灯

开启飞行器智能电池后，相机状态指示灯将亮起，用户可以通过它来判断当前相机的状态。

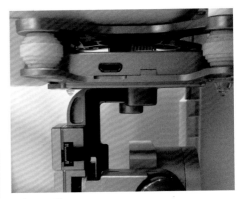

相机 USB 接口

相机状态指示灯	状 态
绿灯快闪（每 0.2s 亮 0.1s）	系统启动
绿灯单闪（每 0.5s 亮 0.4s）	单张拍照
绿灯连续 3 闪（每 0.3s 亮 0.1s，连续 3 次）	连拍
红灯慢闪（每 1.6s 亮 0.8s）	录影
红灯快闪（每 0.5s 亮 0.2s）	SD 卡故障
红灯双闪（0.1s 亮，0.1s 灭，0.1s 亮，0.1s 灭）	相机过热
红灯长亮	严重故障
（每 0.8s 绿，0.8s 红）	固件正在升级

相机状态指示灯

6. 防脱落组件

防脱落组件用于防止云台和相机从飞行器上脱落导致损坏。出厂时，云台对角线位置已安装两套防脱落件。

7. 相机SD接口

Phantom 3 Professional 标配容量为16GB的 Micro SD卡，可支持最高容量为64GB的Micro SD卡。由于相机要求快速读写高分辨率的视频数据，请使用Class10或UHS-1及以上规格的 Micro SD卡，以保证HD视频正常录制。

请注意：

勿在飞行器电源开启状态下插入或拔出SD卡，否则拍摄过程中得到的数据文件有可能会丢失。

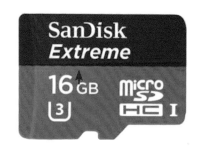

相机SD接口和SD卡

6.2 相机功能设置详解

和其他的数码相机一样，拍摄前我们要对其进行相应的设置。虽然精灵3的相机自动化程度较高，但掌握更多更详尽的手动设置功能，对我们拍出更好的作品仍有非常重要的意义。

我们可在相机界面的相机功能设置区，对相机的各项功能和参数进行设置。

云台俯仰角度

该尺表可显示相机的俯仰角度，深色格为镜头向上旋转的角度，浅色为向下旋转的角度，红色圆点为现在相机所处的角度。

拍照、录影切换

可让相机在照片拍摄和视频拍摄模式间进行切换。

拍摄（停止）

在照片拍摄模式下，此按键为白色，单击即可拍照。在视频拍摄模式下，单击开始录影，再次单击即停止。

相机设置

单击该键可进入相机设置菜单。这是一个非常重要的功能，下面我们将进行详细介绍。

回放

单击该键可回放以前拍过的照片或视频，并可对照片或视频进行删除。在存储卡已满的时候，该功能可删除一些不需要的照片或视频进行应急。

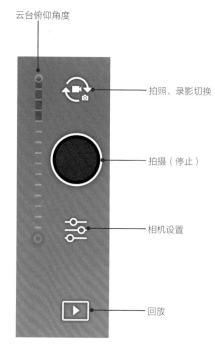

相机功能设置区

在拍照模式下单击相机设置键（如箭头所示），可打开相机设置菜单。

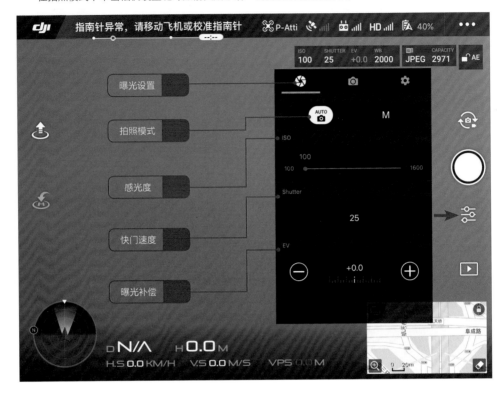

曝光参数设置

在 AUTO（自动）模式下，ISO、快门等所有参数都由系统测光后自动设置，但可以单击"+"和"-"键进行曝光补偿。

系统会在保证照片正常曝光的前提下，尽量选择较小的 ISO 值。

影响照片曝光量的参数有：快门速度、光圈和 ISO 感光度。

精灵 3 光圈恒定为 F2.8，无需设置。快门速度选择范围为 1/8000 秒～8 秒，ISO 选择范围为 100～1600。当 ISO 值大于 800 时，拍摄的照片会出现明显噪点。

曝光参数设置

在 M（手动）模式下，我们可调整 ISO 和快门速度，但此时曝光补偿变为不可调，曝光补偿的尺表变为查看曝光度的尺表，作用相当于测光表。表值为 0 时代表曝光正好，正值代表曝光过度，负值代表曝光不足，绝对值越大代表距正常曝光值越远。

在设置 ISO 时，应在保证曝光正常的情况下尽可能选择小的数值。

另外请注意，当处于手动模式下，相机设置键中多了一个小 "M"。

测光表

手动曝光

相机参数设置

打开相机参数设置菜单，可对照片尺寸、格式和拍照模式、风格、色彩以及白平衡等参数进行设置。

相机参数设置

单张拍摄：就是最常见的按一次拍照按钮，相机拍摄一张照片。

正常拍摄的照片

单张拍摄

HDR拍摄：即High-Dynamic Range，高动态范围照片。当我们在大光比环境下拍照时，现场明暗对比强烈。若按强光确定曝光，弱光处就一片死黑；若按弱光确定曝光，强光处就一片死白，照片就看不到层次了。

使用HDR功能后，相机会拍下正常曝光、曝光不足和曝光过度的三张照片，之后，DJI GO将这些照片合成为一张照片。最后的效果就是照片中高光部分不过曝，暗部细节还能保留。这就是HDR功能。

采用HDR功能拍摄的照片

HDR拍摄

连拍：和普通相机连拍功能一样，按一次拍照按钮，拍摄多张照片。精灵3连拍一次拍摄的照片数量可选3张、5张、7张。

3连拍

AEB连拍：即包围曝光。和连拍一样，按一次拍照按钮拍摄多张照片。但AEB连拍中，每张照片的曝光值会有所变化，除了一张为正常设定的曝光外，其他照片会进行相应的曝光补偿。

当选择3张连拍时，默认就会得到0EV、+1.0EV、-1.0EV的3张照片；选择5张连拍时，默认就会得到0EV、+0.3EV、-0.3EV、+1.0EV、-1.0EV的5张照片。

AEB3连拍

连拍

AEB连拍

定时拍摄：和普通相机定时功能一样，按下拍照按钮后，过一段时间再拍照。精灵 3 的定时范围为 2 秒至 1 分钟。

定时拍摄

使用定时自拍功能可以方便在出游时拍摄合影

拍照尺寸：在此菜单中可设定拍摄照片的比例，常见的照片比例为4:3。如照片以后要应用在高清视频中，可选16:9的比例。

注意：在4:3时照片的像素为4000×3000，在16:9时照片的像素为4000×2250。

照片比例4:3

照片比例16:9

拍照尺寸

照片格式：精灵3可拍摄JPEG、RAW和JPEG+RAW三种照片格式，其中JPEG+RAW格式会将一张照片分别存储为JPEG和RAW两种格式的照片。

JPEG格式是一种高效的压缩格式，照片较小，一张照片为5～10m。如果我们所拍的照片只是在网上传看，选此种格式即可。

RAW格式是一种专业格式，会保留照片所有的原始数据，方便后期调整，但照片尺寸很大，一张照片差不多在30m以上。如所拍照片以后要用在出版、参赛等专业领域，可选择此格式。

RAW格式照片需专用软件打开

白平衡：白平衡的设定可影响照片的色温。当照片色温过低时，呈现出暖色调（照片偏红）；当照片色温过高时，呈现出冷色调（照片偏蓝）。一般选自动白平衡即可。如果达不到你的要求，也可选择晴天、阴天等不同的环境模式，还可以选择自定义白平衡模式，直接设定精确的色温值。

DJI GO中色温的设定范围为：2000K～10000K，以100K为步进单位。

可选择不同的照片格式

冷色调

暖色调

正常色调

不同的白平衡模式选择

风格：在此菜单中可设定拍摄照片的风格。所谓风格，简单地说就是照片的锐度、对比度和饱和度的设定。例如风光照片的风格一般就是锐度和对比度较高，而柔和的风格则是锐度较低。

除了标准、风光和柔和外，我们也可通过自定义设置自己的照片风格。单击自定义，然后在框中输入数值，正值为增加，负值为减小。

不同的照片风格

标准风格

风光风格

色彩：在此菜单中，除了可以设置常见的艺术、黑白、鲜艳等模式外，还可设置D-Cinelike和D-Log两种基于后期调色的色彩模式。

D-Log模式：一种专业影视级的色彩模式，色彩宽容度很大，可以保留场景更多的信息和细节，可以给后期调色提供更多的空间。但我们使用的时候会发现，这种模式的照片感觉灰蒙蒙的，缺乏反差与饱和度。这是因为该格式必须经过专门的后期软件处理才能体现出高于普通模式下照片的质量。如对后期处理不熟悉，建议暂时不要使用该模式。

D-Cinelike模式：与Dlog模式类似，也是一种高宽容度的模式。和D-Log模式的区别是其对画面的暗部效果有较大提升，相对D-log而言更适合人眼观看，在不经调色的情况下就适合人眼观看。

色彩

高级设置

打开高级设置菜单，可打开直方图、过曝警告等高级功能。

高级设置

直方图：直方图是我们判断照片曝光程度的重要依据。打开直方图功能，在拍照时，相机界面可显示出一个直方图，可把当前相机内景物测光的结果直观地显示在此图上。

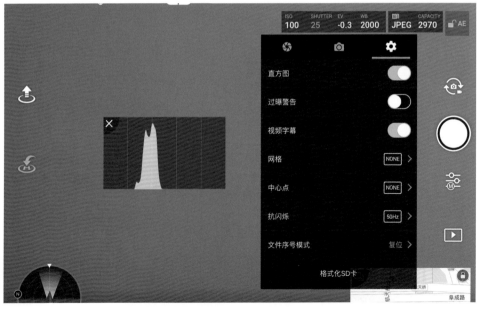

直方图

　　过曝警告：过曝指照片中亮度过高，失去高光部分的细节，人眼看上去有刺眼感的区域，俗称"拍呲了"打开过曝警告，可将画面中过曝的区域以斑马线的形式显示出来。

过曝警告

　　视频字幕：
　　如果您想知道录制视频时的GPS信息、相机参数信息等，可以在App中打开字幕选项。这时，录视频会自动保存字幕文件，在视频播放时会自动加载字幕信息。字幕文件可以直接使用文本文档打开查看。通过视频字幕，也可以了解当时设置的一些参数值。字幕信息包含内容如下：
　　Home：返航点的GPS坐标
　　时间信息
　　GPS：当前时候的GPS坐标，以及GPS星数
　　BAROMETER：气压计测量的高度值
　　ISO：相机ISO值
　　Shutter：设置的快门速度
　　EV：曝光补偿值
　　Fnum：光圈值

视频字幕

网格：为让大家构图方便，DJI GO 设置了一些构图辅助线，大家可在菜单中选择网格或网格 + 对角线选项，也可在菜单中关闭。

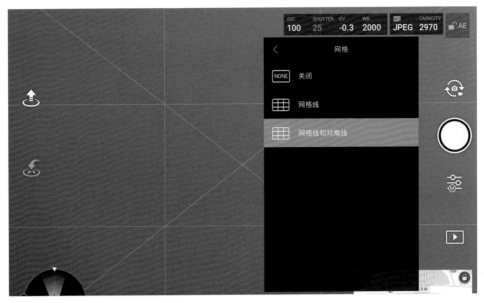

网格

中心点：为方便大家构图和对焦，在相机界面中可显示中心点。大家可根据自己的喜好选择中心点的样式。

中心点

抗闪烁：当拍摄电视或大屏幕时，因为频率的关系，画面可能会出现闪烁的条纹。这时，我们换一种频率就可以解决此问题。

频闪

抗闪烁

文件序列号模式：提供了复位和连续两种模式。

复位：是指在你删除文件（001，002，003）后，后续拍摄的照片会从001开始重新命名。

连续：是指在你删除文件（001，002，003）后，新文件会从004继续命名，而不会重新从001开始。

这样可以避免你把照片放在同一个文件夹时，出现覆盖名字相同照片的问题。

复位模式

连续模式

文件序列号模式

单击拍照、录影切换按钮，可将相机转为录影模式。此模式下，拍摄按钮变为红色，单击，开始拍摄视频，再次单击则停止拍摄。

拍照、录影切换

摄像时，按钮变为方形

录影设置

在录影模式下，曝光设置、高级与拍照模式下基本一样，就不再赘述了。而相机设置则多了视频尺寸、视频格式和视频制式三项，下面我们将详细介绍一下。

录影设置

视频尺寸：在此菜单中可设置视频拍摄的尺寸，如4K格式尺寸为4096×2160。后面的方框中显示的是帧数，现模式下有24帧和25帧两种格式可选。

在视频里，电影为24帧，电视有25帧和30帧两种。而48帧、50帧和60帧则是它们的倍数。高的帧数可以使画面流畅，缓解长时间观看时眼睛的疲劳，是未来视频发展的趋势。

注意：移动设备中的视频为低质量的视频缓存，仅用于在移动设备中简单编辑。

视频尺寸

视频格式：精灵3拍摄的视频可选MP4和MOV两种格式。

一般来说，MP4格式主要是在PC设备上，用Premiere等软件进行后期编辑。

MOV格式是一种苹果设备自带的格式，可在OS系统中，用Finalcut Pro等软件进行后期编辑。

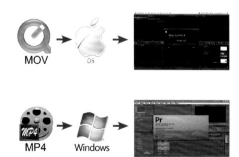

MOV和MP4

视频格式

世界上主要的视频制式有：

NTSC：N制，主要有美国、加拿大、日本、韩国等国家使用，视频每秒29.97帧（≈30帧）。

PAL：P制，主要有中国、新加坡、西欧等国家使用，视频每秒25帧。

此外，还有一种叫作SECOM的制式，只有法国等少数国家使用，现在基本上不怎么使用了。

我们可根据视频的播放地点选择视频制式。如果主要在国内播放，我们选择P制即可。在后期软件中可转化视频的制式，但有可能损失部分视频的质量。

主要国家的视频制式

视频制式

6.3 实际飞行中的拍摄操作

无人机起飞之后，我们需要通过调整移动设备来控制无人机镜头进行拍摄。具体来说，我们可以进行以下步骤的操作。

6.3.1 取景与镜头的调整

跟普通相机相比，无人机的电池续航能力要小得多。为了节约无人机宝贵的电能，我们可以在起飞前调整好无人机的相关参数，起飞后只是在无人机的移动设备界面进行取景即可。

起飞后直接取景

1. 镜头俯仰转动

取景时，转动遥控器左侧拨盘可调整镜头的上下转动，具体转动角度可查看云台俯仰角度尺表。

取景时也可直接用手指长按屏幕，弹出一个蓝色圆圈后，向上或向下拖动，这样也可直接控制摄像头上下俯仰。

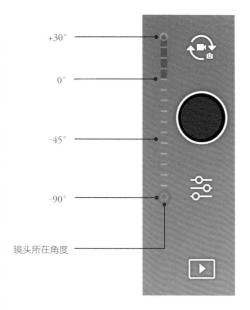

镜头的俯仰

在屏幕上控制镜头俯仰

2. 镜头横向转动

精灵3的镜头在取景时无法通过云台横向左右转动，而是需要通过旋转机身完成。

镜头的顺时针旋转

镜头的逆时针旋转

3. 镜头的水平转动

镜头水平方向的转动也是无法人工控制的，但我们可以通过设置云台模式来实现跟随模式和FPV模式的拍摄。

跟随模式：

摄像头依靠云台进行平衡。机身左右或上下移动时，摄像头还是保持水平方向的平衡。

跟随模式

FPV模式：

摄像头仅靠云台消除抖动。机身发生偏移时，摄像头跟着一起偏移，类似人坐在飞行器上的视觉感受，所以又叫第一人称视角。

拍摄风光照片时，我们需要保持画面的稳定，适合用跟随模式。

拍摄运动中的人或物时，使用FPV模式可以获得第一人称视角，更有身临其境的感觉。

FVP模式

6.3.2 构图与测光

为节省宝贵的电能，我们可以在起飞前调整好相关的参数，起飞后直接在相机界面进行取景。

取景时可打开"网格"与"中心点"来辅助构图。

在相机界面用手指向上滑动，可进入全屏模式，方便构图；手指向下滑动即可退出全频模式。

辅助构图

全屏模式

飞行器开机后，默认测光模式为中央重点平均测光。所以在这种模式下构图时，拍摄的主体最好放在画面的中间。

中央重点平均测光是指对中央部分和画面其余部分都测光，但是中央部分为测光的重点，其他部分也取一些。也就是说，以中央为重点，其他部位为次要。适用于被摄体位于中央位置时。

默认的中央重点平均测光

中央重点平均测光的测光区域

点测光

如果需要对某点进行测光，可轻触相机画面你指定的测光位置，测光模式即可变为手动的"点测光"。

在测光的位置将出现点测光的图标。点击图标右上角的叉号，相机将退出手动点测光，回到默认的中央重点平均测光状态。

注：短促点击屏幕是切换自动、手动测光操作；如较长时间地点击屏幕，将出现蓝色圆圈符号，此时拖动图标，可控制云台姿态的俯仰。

点测光时，由于各测光点的亮度不同，测光后的曝光参数也会不一样。此种测光方法可保证被摄主体的准确曝光。

对亮部进行点测光

对暗部进行点测光

6.3.3 拍摄

精灵3相机配备的是20mm定焦的广角镜头，对焦点为无穷远，全自动对焦，无需手动调焦。

测光完成后，如果是手动曝光模式，我们可以调整各项曝光参数，让照片获得正确的曝光。

如果是自动曝光模式，我们可以直接拍摄，或调整曝光补偿来获得想要的曝光效果。

手动模式下，可调整各项曝光参数

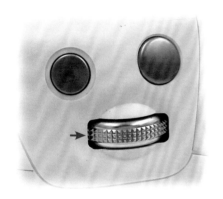

自动模式下，只可调整曝光补偿

正确曝光

过曝

欠曝

曝光锁定：曝光锁定是复杂光线条件下获得正确曝光的理想工具，它可以锁定拍摄主体的测光数据，避免重新构图时受到新光线的干扰。此外，当我们需要拍摄一组照片的时候，想要这些照片的曝光参数一致，也可以用曝光锁定的方法。

具体使用方法：在对某一画面测好光后，单击曝光锁定按钮，将曝光参数固定住，然后相机重新取景构图，再进行拍摄。新拍的照片将以刚才测光的参数进行曝光。

曝光锁定

曝光锁定后，重新构图拍摄，曝光参数不变

曝光解锁

6.3.4 回放

单击下面的回放按键，进入回放界面。在其中可看到我们拍摄过的照片和视频。
在其中可选择照片或视频，进行浏览、下载和删除的操作。

回放界面

浏览照片

第 7 章 飞行训练

　　了解了前面所讲的无人机航拍基础知识后，大家可能早就按捺不住激动的心情，迫不及待地想去祖国的名山大川甚至世界各地大展身手了。但是，为了更好地保证您和他人的安全，为了拍出更专业的作品，我们建议您应该进行一些系统的飞行训练。可以参加一些专业机构的培训，也可以按本书给出的系统训练方法，自己练习。

7.1 系统飞行训练

在正式外出飞行之前，我们最好先做一些飞行训练，比如去专业飞行训练机构，在专业飞行人员的指导下进行一些飞行训练。

7.1.1 专业飞行训练机构

现在，在民用无人机领域里比较常见的正规培训机构主要有"大疆慧飞""大疆传媒"等，此外还有一些传统的航模培训机构。各家的侧重点不同，大家可根据自身的情况选择相应的培训机构。

大疆慧飞和大疆传媒是大疆认定的培训机构，在大疆官网的底部可找到大疆慧飞和大疆传媒的链接。

大疆官网上的链接

大疆慧飞的网页

大疆慧飞简称UTC，是大疆创新DJI的全资子公司，为客户提供无人机培训服务。培训涉及大疆无人机的各个领域，包括航拍、植保、巡检、测绘、安防五大专业。培训完毕后可参加考试，合格者可获得由中国航协通航分会与中国成人教育协会联合颁发的证书。

大疆传媒的网页

大疆传媒（DJI Studio）主要为客户提供电影、广告、纪录片、赛事直播等领域的航拍整体解决方案和专业定制航拍服务，同时推出相关的无人机培训课程，主要适用于想在航拍摄影、摄像领域得到专业训练的客户。

传统航模培训

一般传统航模培训主要为固定翼和直升机，对飞行技术的训练有很大的帮助，但与大疆无人机在飞行原理和操作上有些差别，在转为操控大疆精灵时需做一些调整适应。

专业的无人机训练基地，拥有完备的设施、专业的教练，可保证培训质量和学员的人身安全

无人机专业训练基地一般都有专用的训练和考核场地，并配有专业的安防设施

坐落于北京昌平虎峪风景区旁峡谷中的AOPA和UTC训练基地

7.1.2 自我飞行训练——初级飞行操作

初级飞行操作主要是练习一些无人机的最基本操控，熟悉无人机的操控要领。初级训练请选择开阔少人的场地，让无人机在较近的视距内飞行。

起飞时，要求匀速平稳地垂直上升，不能向一侧倾斜，不能加速过快，要随时能停，停在任意高度。

降落时要缓慢，速度太快时会弹跳，停不稳。落地后要按住下键多保持2～3秒钟，以保证电机确实停止。有的飞手在无人机落地后立刻松摇杆，造成螺旋桨停而复转，产生危险。

1. 保持飞行器的电池对着自己，练习原地起降。

2. 保持飞行器机尾对着自己，练习悬停。注意通过控制前、后、左、右来调整飞行器的悬停位置。

可以在地面上设置一个目标，让无人机在目标上空悬停并能尽量保持较长的时间不出目标范围。如果我们熟练掌握了悬停技术，可以切换到姿态模式，关闭GPS和视觉定位的辅助，练习纯手动的悬停。

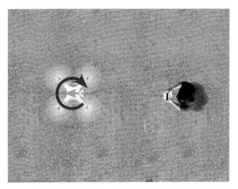

3. 先悬停飞行器，保持飞行器的电池对着自己，然后控制飞行器顺时针和逆时针旋转360度。

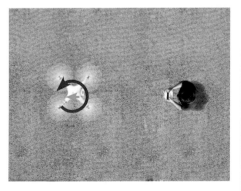

旋转的过程中要保持匀速稳定。这个练习有助于拍摄旋转镜头的视频时保持图像的稳定连贯。

4. 保持飞行器的电池对着自己，练习向前、向后、向左和向右飞行。

能够熟练地前、后、左、右飞行后，可尝试将无人机旋转。做对头和对两侧的向前、向后、向左和向右飞行，飞行时请注意安全，让无人机和人保持安全距离，速度要慢，忘记打杆方向时需及时返回到对尾方向。

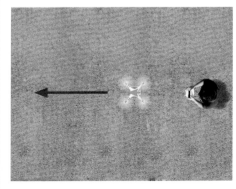

5. 保持对尾，在距离前方约为10m的范围内，练习向前和向后。在较远距离练习直线飞行。

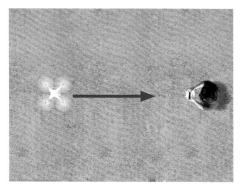

飞行时要做到无人机对准前方较远的目标，然后一次直线飞过去，中途不用再旋转机头，调整位置。

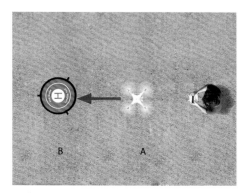

6. 在距离飞行器约3m的位置做一个标记（B），控制飞行器飞行到该点，悬停并降落；然后从标记地点（B）起飞、悬停，并飞回到起飞地点（A）。

如果定点降落位置离飞手较远，可以用无人机的影子协助定位。降落过程中，无人机逐渐靠近影子，让影子始终对准降落点即可。

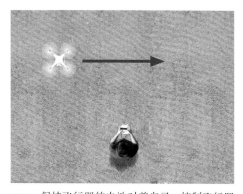

7. 保持飞行器的电池对着自己，控制飞行器直线飞到起飞点左侧3m，再直线飞到起飞点右侧3m。

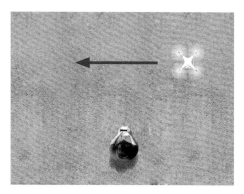

无人机横向飞行的时候，要保持航向的准确和速度的均匀。此项练习有助于今后拍摄横向平移镜头。

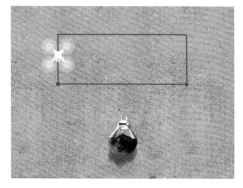

8. 始终保持飞行器的电池对着自己，控制飞行器在一个矩形的航线上顺时针飞行，在矩形的每个点上稍做悬停，再飞行到下一个点。

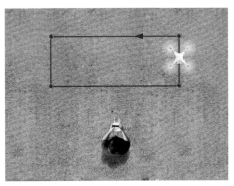

该项训练也可称作矩形横移，要求能速度均匀地画出较为完整的矩形。

7.1.3 自我飞行训练——高级飞行操作

在高级航线训练中，我们可练习一些较为复杂的航线操作。

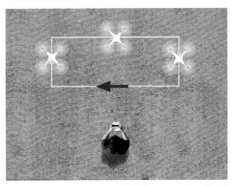

1. 先对尾悬停，再向左旋转90°，然后控制无人机在一个矩形的航线上顺时针飞行，在矩形的每个点上稍做悬停，再飞行到下一个点。

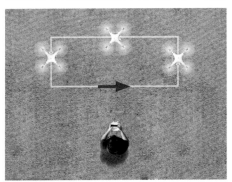

高级航线需要左右手配合，且需要随时掌握机头所在的方向。

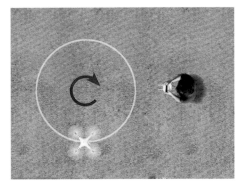

2. 先对尾悬停，再向左旋转90°，然后控制无人机在圆形航线上顺时针画圈，最后回到起点。

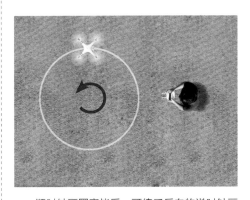

顺时针画圈完毕后，可练习反向的逆时针画圈。有条件的可在地上画出圈形的路径，方便练习。

飞圆形路径操作难度较高，需两个摇杆同时配合做动作。例如顺时针画圈时，可以右摇杆向右打，再配合左摇杆向右轻打，通过横向飞行中不断变换机头的方向来使无人机飞出圆形路径。

其实，在任意方向上飞行时，只要持续不断地匀速改变机头的方向，就可飞出不同方向的圆形航线。右键用来控制速度，左键用来控制圆形航线的直径。机头转得越快，直径越小。

3. 先对尾悬停，再向左旋转90°，然后控制无人机在一个"8"字航线上做绕行，最后回到起点。

八字环绕是复杂的飞行航线，有条件的飞手可到专业的场地去练习。

7.1.4 自我飞行训练——紧急情况训练

我们可模拟无人机在飞行时遇到的紧急情况进行一些有针对性的训练，以免发生情况时惊慌失措，酿成事故。

1. 使用自动返航降落模式，确保在开阔空间训练。起飞之前，GPS卫星信号良好。将飞行器飞到距离起飞点约15m的地方，然后关闭遥控器。飞行器进入自动返航降落模式。等待它自动完成返航过程并降落到返航点。

GPS信号满格

失控行为设为返航

练习前请一定注意GPS信号良好（最好满格），并设置好返回航路和【失控行为】。这个训练可以帮助我们在遇到无人机信号丢失时保持冷静，避免手忙脚乱，胡乱操作。

2. 中断自动返航降落模式，确保在开阔空间训练。起飞之前，GPS卫星信号良好。将飞行器飞到距离起飞点约15m的地方，然后关闭遥控器，飞行器进入自动返航降落模式。在飞行器返航过程中，开启遥控器，并切换飞行模式，飞行器的自动返航降落模式被中断。此时又可以使用遥控器控制飞行器继续飞行。

操作者要学会根据图传、地图和姿态球等掌握无人机的方位和姿态。这个训练可以让飞手在无人机消失在视线外时学会如何处理。

这个训练可以使我们在遇到无人机信号丢失时，掌握如何重新接管无人机。

关数	技术标准
第1关	对尾悬停
第2关	对尾悬停
第3关	对尾悬停
第4关	对头悬停
第5关	对头悬停
第6关	对头对尾交叉悬停
第7关	对头对尾交叉悬停
第8关	对侧边悬停
第9关	对侧边悬停
第10关	对45度悬停和对尾悬停
第11关	对45度悬停和对头悬停
第12关	对45度悬停和对头对尾悬停

我们可以玩一个训练游戏，如上图所示，设置一些项目关卡。

3. 视距外飞行训练，初期最好由两个人进行。一人操作遥控器，不看无人机，只通过监控画面进行飞行操作。另一人在旁边负责观察无人机，随时提醒方位，保证安全。

等级	考核标准
初8级	10分钟过1-4关
初7级	12分钟过1-6关
初6级	14分钟过1-8关
中5级	16分钟过1-10关
中4级	18分钟过1-12关
中3级	15分钟过1-12关

再给出过关时间和标准，大家来试试，看看你能达到什么水平。

7.1.5　航拍技巧训练

除了训练飞行技巧外，我们还可以训练一些特定的航拍技巧。

1. 俯仰镜头训练。无人机起飞后，用左手拨轮调整镜头俯仰角度，要做到镜头转动得缓慢匀速，以训练俯仰镜头的拍摄。

2. 环绕镜头训练。无人机对中心点环绕飞行，飞行时始终保持镜头指向中心点并保持匀速。

对头渐远镜头拍摄时可将操控者摄入到画面内，并可交代拍摄背景。

3. 对头渐远镜头训练。无人机起飞时镜头对准拍摄者，无人机向后向高处飞行。

4. 旋转下降（上升）镜头训练。无人机上升或下降时同时配合旋转操作，可以拍摄出螺旋上升或下降的效果。

7.2　模拟飞行训练

实地的飞行训练受场地、天气、法律法规的影响，这对一些无人机爱好者来说，不是能够经常做到的。好在虚拟技术的进步可以让我们在飞行模拟器上模拟现实场地来进行练习了。比较常见的模拟器有以下几款。

1. RealFlight，这是目前普及率最高的一款模拟飞行软件，它具有拟真度高，功能齐全、画面逼真等优点。

2. Reflex XTR，这是老牌的德国模拟软件，适合直机的模拟练习，附带精选的26个飞行场景、一百多架各个厂家的直升机、一百多架各个厂家的固定翼、60部飞行录像。

3. AEROFLY，这是一款德国的模拟软件，像真度较高，适合中高级训练者使用。但价格昂贵，对硬件要求较高。

4. FMS，这是德国爱好者开发的供广大爱好者使用的免费软件。FMS虽然没有大型专业级软件的CAD功能，但是免去了复杂繁琐的初期设定。虽然不能作为高手的赛前训练软件，但是对于一般飞行还是够用的。

5. 凤凰Phoenix模拟器，这是一款受欢迎的国产模拟器软件，效果逼真，场景迷人，受到国内广大初学者喜爱。

这里我们以凤凰模拟器为例介绍一下飞行模拟器的使用。首先，我们需要在电脑上安装模拟器软件，如想让模拟器运行流畅，建议选择较高配置的电脑。

通道辅助开关
通道辅助开关

通道辅助开关
通道辅助开关

升降舵／副翼
微调按钮

油门／方向舵
微调按钮

微调按钮
微调按钮

一键还原

电源开关

　　软件安装完毕后，我们还需准备一个飞行模拟器专用的遥控器。遥控器如上图所示，要求至少有四个以上的控制通道，这样才可以模拟精灵3的遥控器。遥控器自带 USB 线，直接接到电脑上即可。

1. 接好遥控后，我们运行凤凰模拟器。首先要进入初始设置界面，对各种环境参数进行设置。

3. 校准遥控器，首先将遥控器上的所有开关都放置到【关闭／正常】位置。

2. 首先，我们对遥控器进行设置。

4. 再将所有摇杆放到中心位置。

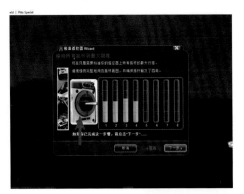

5. 移动摇杆到最大限度：按箭头所示的方向用各摇杆缓慢而完整地尽量大地画圈，这样就可确定摇杆的最大行程。

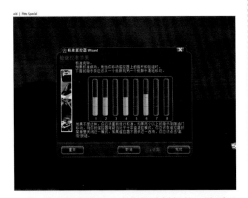

6. 检查校准效果：当你推动摇杆从一端到另一端时，如果下面指示条也平滑地从一端移到另一端，则表示校准成功。

7. 控制通道设置：遥控器的每一个通道对应一个飞行控制指令，如油门功能应该对应一个通道，前进功能应该对应另一个通道。下面我们将对控制通道进行设置。

8. 设置控制通道：我们可以从中选择一些比较有名的航模设置。如果没有符合你需要的设置，可以选第一项，自己重新设置。

9. 创建配置文件：我们要按自己无人机的需求创建一个自定义的配置文件，主要就是配置不同的功能与不同的通道之间的对应关系。

10. 快速设置：因精灵3无人机只有四个通道，相对于七八个通道的固定翼飞机来说算是比较简单的，所以我们选择【快速设置】即可。

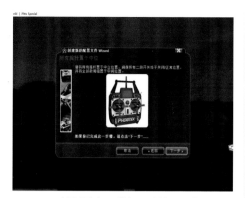

11. 摇杆置中：进行配置前，需将所有的摇杆放到中心位置，所有开关处于【关闭/正常】位置，并将所有微调按钮也放到中间位置。

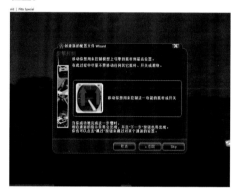

12. 设置油门：遥控器中的引擎控制其实就相当于精灵3的油门。我们向上移动左摇杆就可将左摇杆的上下移动设置为油门功能。

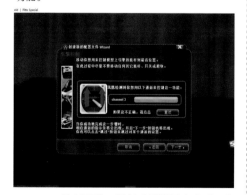

13. 油门通道：油门功能设置完成后，窗口中会弹出相对应的控制通道。我们可以在通道中检测油门功能的情况。

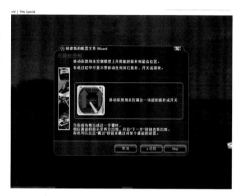

14. 设置前后方向飞行：遥控器中的升降舵可对应精灵3的前后方向飞行，向上移动右摇杆就可将右摇杆的上下移动设置为前后方向飞行功能。

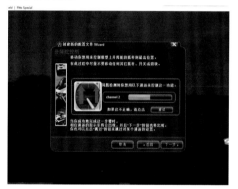

15. 前后方向飞行通道：前后方向飞行功能设置完成后，窗口中会弹出相对应的控制通道。我们可以在通道中检测前后方向飞行功能的情况。

16. 设置转向：遥控器中的方向舵控制其实就相当于精灵3的转向功能。我们向右移动左摇杆就可将左摇杆的左右移动设置为转向功能。

17. 转向通道：转向功能设置完成后，窗口中会弹出相对应的控制通道。我们可以在通道中检测转向功能的情况。

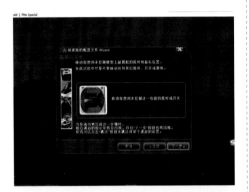

18. 设置左右方向飞行：遥控器中的副翼舵可对应精灵3的左右方向飞行。我们向右移动右摇杆就可将右摇杆的左右移动设置为左右方向飞行功能。

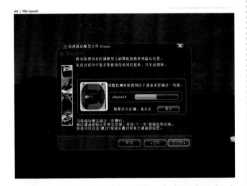

19. 左右方向飞行通道：左右方向飞行功能设置完成后，窗口中会弹出相对应的控制通道。我们可以在通道中检测左右方向飞行功能的情况。

20. 设置好以上四个通道后，就可以将这个原本用于固定翼飞机的遥控器成功地模拟为精灵3的四轴无人机遥控器了。

21. 选择图像质量：我们还可以根据自己电脑的运行速度来设置图像显示质量。如果你运行时感觉卡顿，可相应地调低一些显示质量。

22. 选择度量单位：如图所示，我们可以从下拉菜单中选择【Metric】公制或【Imperial】英制。

23. 我们终于完成了初始设置，下一步可以选择飞行器和飞行场景，在凤凰里尽情翱翔了。当然，如果你觉得前面设置有误，也可以在系统设置菜单里进行更改。

24. 接下来我们进入凤凰的主界面。主界面会首先弹出开始向导菜单，我们可在其中快捷地进行各种选择与设置。

25. 当然，我们也可以将其关闭，直接在主界面中用菜单进行选择。

26. 我们可以从【选择模型】菜单中挑选我们要找的飞行器。凤凰提供了大量普通固定翼飞机、滑翔机、直升机和多轴无人机模型可供选择。这些模型不仅外形仿真度高，而且其空气动力学特性也与真机保持高度一致。

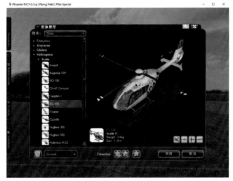

27. 这是按比例仿真的直升机模型，其飞行特性与其原型【EC-135】保持一致。直升机和多轴无人机的操控原理有类似的地方，而前者更难。大家有兴趣的话不妨试试。

28. 这是多轴无人机模型，其结构和大疆的精灵3基本一致，操控方式也差不多。

29. 现在，凤凰已经提供了部分大疆无人机的模型可供选择，但软件本身没有默认自带，需要从指定的地方进行下载。上图为精灵2。

30. 我们还可以从【选择场地】菜单中选择想飞的场地进行更换。凤凰提供的场地种类丰富，从平坦的草地到丘陵、高山、海滩，甚至室内。

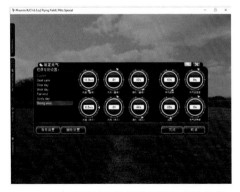

31. 我们还可以设置飞行时想要的天气，从【选择场地】菜单中单击【场地天气】就可进行风速、风向等设置。

32. 选好了多轴无人机模型和场地并设置好风速后，还需再次选择遥控器和控制通道。

33. 从【系统设置】菜单中选择【控制通道设置】，在弹出的窗口中选中我们先前设置的配置文件即可，如上图所示。

34. 选好配置通道后，单击【编辑配置文件】，弹出配置通道控制界面。我们可在其中检查各通道和遥控器的对应及配合情况，如上图所示。

35. 我们搬动摇杆从一端到另一端，看看相对应的通道是否有相应的变化。例如，我们推动油门从最低到最高，引擎通道指示条应该从无到满，如上图所示。略有偏差，我们可以用遥控上的微调键来修正。

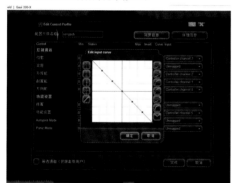

36. 对于高手来说，还可以单击通道指示条后面的【...】键打开编辑曲线窗口，来设置摇杆的手感。

37. 通道设好后，我们就可以操控无人机飞行了。和我们真实地操控精灵3一样，内八字启动发动机，然后推油门。无人机起飞。

38. 起飞后和精灵3一样，可进行旋转、左右飞行、前后飞行。但和精灵3不同的是，该模型不能悬停，我们必须不断地修正其航向，才能不至于失控。

39. 我们还可选择【训练模式】菜单观看【视频教程】，并按里面的要求选择不同的训练项目进行训练。上图为悬停训练。

40. 【扭矩训练】相当于精灵3的前后、左右的直线飞行训练。此外，我们还可以进行定点降落训练。训练完毕后，单击左上角的红色开关即可退出凤凰飞行模拟器。

第 **8** 章　无人机航拍的取景与构图技巧

　　跟普通摄影相比，航拍更多是从较高的位置俯视拍摄，视野较为宽广，取景范围更大。相同之处在于，航拍也是从大场景中截取其中的一部分。那么如何截取、如何取舍才会让画面更具美感？这就取决于航拍的取景与构图了。

　　常规摄影的某些取景与构图技巧也同样适用于航拍。本章中，就让我们来了解一下航拍的取景与构图技巧。

8.1 井字形构图

井字形构图也称为"九宫格构图"。如果将画面分别按横向和纵向三等分，会得到横向和纵向的等分线各两条，近似一个"井"字。将被摄主体安排在画面中井字形交叉点上的构图方法，我们称之为井字形构图。

使用井字形的构图方法，能够让我们在拍摄时更为便捷地将所要突出的被摄主体安排在画面中最引人注目的位置，并且还可使整个画面看起来更符合人们的审美习惯。

而在实际拍摄过程中，井字形构图特别适合用来拍摄两种照片。第一种，当被摄主体在画面中所占面积较小时，就可以尝试将其放置在井字形的交叉点上，从而使其在画面中突出出来；第二种，当被摄主体占满整幅照片，并且想要突出主体的某一局部时，也可以将这一局部安排在井字形的交叉点上，从而使其在画面中得到有效突出。

井字形构图示意图

在大面积的绿色草地上，来了一群牛。取景构图时，将牛群安排在画面中井字形的交叉点上。采用井字形构图，让画面显得自然和谐

8.2　三分法构图

三分法构图是黄金分割法的一种简化形式。如果将画面横向或纵向各三等分，我们将分别得到横向或纵向的两条等分线，我们称这个等分线为三分线。三分法构图是指将被摄主体安排在画面三分线位置的构图方法。

一般来说，我们在拍摄照片的时候，应该尽量避免将被摄主体安排在画面的正中央（除非有意识地采用中心点构图法），因为这样很可能使所拍摄的照片看起来过于呆板。而通过使用三分法构图进行拍摄，就可以在保证被摄主体得到有效突出的同时，令整个画面显得更加协调、生动。

在航拍中，三分法构图是经常会用到的一种构图方法。在实际应用三分法构图时，如果面对的是天空、湖泊、海洋等风光题材，我们可以通过将天际线、海平面等安排在画面水平三分线上的方法，来强化所拍风光场景的空间感，并且使所拍摄风光在画面中显得更加和谐、美观。

在使用三分法构图拍摄类似带有湖面、天空的风光照片时，如果天空中的云彩很丰富，我们可以将地平线安排在靠下位置的三分线上，也就是采用下三分法构图，将更多的空间留给天空；如果湖面或者地面景物丰富时，我们可以将地平线安排在画面靠上的三分线上，也就是采用上三分法构图，将更多的空间留给湖面或地面。

下三分法构图示意图

当天空中的云彩非常漂亮时，可以将地平线位置安排在画面的下三分之一处，采用下三分法构图，将更多的空间留给天空，从而突出天空中的云彩。如果天空中有漂亮的朝霞或晚霞，通常也会采用类似的下三分法构图

上三分法构图示意图

航拍这样的场景时，将地平线位置安排在画面的上三分之一处，采用上三分法构图，将更多的空间留给地面，以突出地面唯美的植物和水域

8.3　对角线构图

对角线构图指的是利用画面中的对角线元素构建画面的构图方法。

这种构图方法不但能够使画面中的被摄体显得更具生机和活力，而且利用对角线构图中的对角关系，还可使所拍摄的画面得到较好的纵深效果和透视效果。

在实际应用对角线构图时，我们既可以通过将被摄主体安排在画面对角线上的方法来实现对角线构图，也可以有意识地选择那些本身在画面中即具有对角关系的景物作为被摄主体，从而使其能够直接在画面中构成对角线构图。此外，通过倾斜相机拍摄的方法，也可令那些原本横平竖直的景物在画面中呈现出对角线构图的效果。

最后还需要注意的一点是，在进行对角线构图时，我们应尽量使画面本身简洁，这样才能使对角线构图的效果在画面中看起来更加鲜明。

对角线构图示意图

在大面积绿色的草地和树木之间，是一条灰白色的公路。采用对角线构图的方法安排公路，避免了画面的呆板

马路的两边是色彩缤纷的秋叶。以对角线构图的方式，将马路安排在画面的对角线位置，画面显得灵活生动

此种取景构图方式，画面显得局促、凌乱

采用对角线构图，画面显得更开阔、协调，更具美感

8.4 发现并提炼场景中的线条

无论是普通拍摄还是航拍，首先要做的事情就是观察拍摄现场，对杂乱的场景做出合理的取舍。在这个过程中，有一个比较讨巧的办法，能事半功倍地让我们的作品显得更加专业，那就是发现并利用场景中的各种线条。

在自然界中，存在着各种线条，有直线、曲线，有规律排列的线条，也有杂乱无章的线条，比如建筑本身具有几何形状的结构、大自然中弯弯曲曲的河流、公园里的羊肠小道等。我们在取景拍摄时，要善于发现这些线条，然后利用摄影构图技巧将它们有序地组织起来，从而增添作品的韵律美。

在一片绿色的场景中，这条深色的海边栈道显得尤为突出。弯弯曲曲的栈道如同一条长龙，盘桓在大地上

航拍时，地面上的马路是比较常见的线条。取景时，尽量让这些线条以一种舒展的方式在画面中展开。有了线条的加入，画面显得更有节奏感

在不同颜色的色块中，一条蜿蜒的小路给画面增添了一种
韵律美。在航拍时，要善于发现并利用这些场景中现成的
线条

8.5 给画面添加一个兴趣点

航拍时，如果在俯视角度下，画面中往往是比较单一的元素，比如一望无际的湖面、海面，重复出现的大面积花海，大片的绿草地等。如果只拍摄这样的大场景，画面难免会有些单调，没有让视线留驻的亮点。此时，我们可以想办法给单调的画面增添一个吸引视线的亮点，也就是我们常说的兴趣点。

兴趣点的选择要结合场景本身来定，既要从画面中凸显出来，又不能跟原本的景色冲突，给人突兀的感觉。比如湖面上可以加入一只小船，草地上可以加入牛羊、蒙古包等，都是不错的选择。

还有一点需要注意的是，兴趣点的位置一般会选择在井字形的某个交叉点上，也就是采用井字形构图来安排兴趣点的位置，以便让画面构图更加协调、美观。

将花车安排在画面中井字形的一个交叉点上，画面更显和谐

拍摄大面积花海时，将花车安排在画面的井字形交叉点处，避免了画面的单调，让视线有一个停留的点

8.6　添加前景让画面的空间感增强

　　无论是普通拍摄还是航拍，为画面添加合适的前景，都是一个操作简单却很出效果的摄影小窍门。

　　在拍摄一些大场景的自然风光时，为了避免画面过于空旷，增强画面的空间感，可以安排一些恰当的前景。比如，在拍摄湖面时，我们可以利用岸边的垂柳或者初春的花朵作为前景，在让画面层次丰富的同时，还能表现出一种春意盎然的感觉。

　　采用这种拍摄方法的时候要注意，前景在画面中所占据的面积不必太大，位置的安排也以不太多遮挡主体为宜，以免造成喧宾夺主的不良效果。

　　前景可以是陪体，也可以作为画面的主体。利用前景元素充当画面的主体时，采用这种表现方式，主体会成为绝对的视觉中心。如果搭配上与主体有着某种关联的虚化背景，将会产生一定的叙事情节，让人产生一种故事性的联想。

开阔的水面上停着几只船。利用船作为画面的前景，既丰富了画面，又增添了画面的空间感。这就是前景的作用

从这个角度拍摄，中心位置的圆形建筑布局完整，重点突出的是画面整体的布局、各元素的位置等，画面的空间感比较弱

调整取景角度，以圆形建筑作为前景，画面的空间感得到增强

第 9 章

无人机的应急处理与维修保养

冷静，冷静，再冷静！慌乱是飞行的大忌，大多数炸机的悲剧是由慌乱造成的。事先做好准备才能有备无患！

本章内容总结了无人机出现突发状况时的应急处理方法、出现故障时如何联系维修人员，以及无人机日常使用时的维护与保养知识。

9.1　飞行时遇到意外情况怎么办

无人机的飞行除了受到禁飞区的约束外，还会受到天气、周边环境等各种因素的影响。尤其是对于首次飞行的新手来说，起飞前一定要充分了解飞行环境，并做好各项检查。

9.1.1　返航时电量不足怎么办

当飞行器电量低时，应及时返航。但如果返航途中提示电量不足，不能返回到返航点，该怎么办呢？需要注意以下几点：

低电量报警设置

1. 首先，我们应提前设好低电量报警，并设置一定的电量报警冗余。当电量提示不足时，应及时进行返航操作，切忌贪飞。

2. 飞行时应时时关注电量情况。

找到有明显标志物的地方降落

3. 如果飞行中出现电量不足的情况，要注意观察飞行环境，边降落边返回。当确定实在无法抵达返航点时，应寻找有明显标志物的安全的降落地点先行降落。

查看飞行记录

4. 随后通过查看飞行记录，获取降落地点的地图位置，并及时前往寻找。

9.1.2　指南针受到干扰怎么办

指南针对飞行器的准确定向定位起着重要作用。当APP提示指南针被干扰时，飞行器为减少干扰的影响，将自动切换至姿态模式，可能出现漂移。那么怎么避免呢？

避开强磁干扰环境

1. 首先，我们不要在强磁场环境中飞行，如高压线、钢铁结构建筑、地下室等磁场附近。发现APP提示，要更换飞行环境。

APP提示指南针状态异常

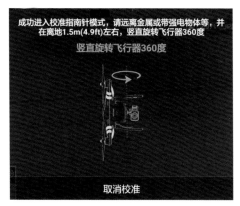

指南针校准

指南针校准

2. 更换飞行环境后,首先要校准指南针,然后再起飞。

保持对尾飞行

3. 如果飞行中出现指南针受干扰、飞行器转入姿态模式时,切忌慌乱打杆,可通过轻柔打杆的方式来修正飞行器的姿态,保持对尾飞行,然后尽快降落或离开干扰区。

9.1.3　GPS信号丢失怎么办

飞行器的稳定悬停和飞行,离不开良好的GPS信号。如果GPS信号欠佳或丢失,会危及飞行器的安全。那怎么避免和解决呢?

避开密集的建筑

1. 首先,我们尽量不要选择GPS信号容易被遮挡的环境飞行。

避开电磁干扰

2. 要注意飞行环境,尽量不要在建筑物密集、上方有遮挡和有强电磁干扰的环境中飞行。

尽快降落

3. 如果飞行中出现GPS信号受干扰的情况,飞行器也会转入姿态模式。和指南针受干扰的处理方法相同,切忌慌乱打杆,可通过轻柔打杆的方式来修正飞行器的姿态,保持对尾飞行,然后尽快降落或离开干扰区。

9.1.4 遥控器信号中断怎么办

遥控器与飞行器的信号传输会受到飞行环境的影响，如在高大建筑、山坡背面等环境中飞行，遥控信号可能被阻挡，强电磁环境也可以干扰遥控信号；这些都会导致飞行器与遥控器之间的信号中断。

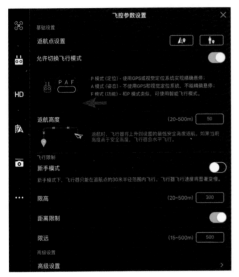

设置好返航高度

1. 起飞前，应设置好飞行器的返航高度，并设置好失控返航功能，同时避免在环境干扰大、障碍物密集的环境中飞行。

让天线的扁平面指向飞行器

2. 飞行时还要注意调整天线的位置，应始终让天线的扁平面朝向飞行器，有时天线换个方向就能解决大问题。

尽量让天线的扁平面朝向飞行器

绿灯代表遥控信号正常

3. 如果飞行时遥控器信号中断，切忌盲目打杆，可先通过遥控器指示灯确认，是图传信号中断还是遥控信号中断。绿色代表遥控信号正常，红色代表遥控信号中断。

智能返航按钮

4. 如果只是图传信号中断，可按遥控器上的智能返航键，待飞行器离近后自然会恢复图传信号。如果是遥控器信号中断，可原地等待飞行器启动智能返航。如果忘记设置智能返航，就有丢失飞行器的危险了。这时我们要调整天线位置或尽量接近飞行器，看看能否恢复信号。

9.1.5　APP闪退或移动设备中断怎么办

受到移动设备软硬件性能的影响，飞行时，飞行器可能会遇到APP闪退或移动设备关机的情况。这时我们该怎么办呢？

PAD屏幕较大，可以更方便地操作。

1. 最好选择性能和兼容性较好的移动设备。大疆无人机只支持安卓和IOS版本的移动设备。如有可能，最好使用PAD作为移动设备。手机虽然携带方便，但万一飞行时有重要来电，会让你非常尴尬。另外，起飞前请确认移动设备的电量是否充足，后台缓存是否足够。

重启APP

2. 飞行时遇到闪退或关机时，不要慌乱地盲目打杆。首先要通过遥控器确认飞行器是否仍与遥控器连接（遥控器指示灯为绿表示连接），然后尝试重启APP或移动设备，查看图传画面是否恢复。如果无法重启或恢复图传画面，可通过遥控器触发智能返航。

9.1.6　飞行时遇到大风怎么办

精灵3可在4级风中稳定飞行，但因地形环境的不同，环境风力也会有差异。飞行中如果突遇较强的阵风，该如何应对呢？

风力过大的环境，建议不要起飞。

1. 首先，起飞前应确认天气及现场风力情况是否适宜飞行，风力过大就不要起飞了。

降低飞行器的高度

2. 当APP提示风速过大时，如有可能，要首先降低飞行器的高度。一般高空风力较大，降低高度有可能避过阵风，然后尽快返航。

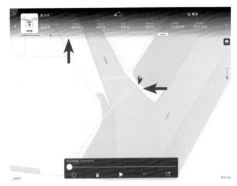

3. 如果降低高度仍无法避过阵风、飞行器无法返航时，应尽快在合适的地点降落，再及时前往寻找。

2. 单击打开最后一次飞行记录，可以看到飞行器的飞行信息和飞行路线图。

9.1.7 飞行器丢失怎么办

虽然我们一再强调注意飞行安全，但万一飞行器还是飞丢了，该怎么办呢？

1. 首先，我们要尽量在第一时间找回飞行器，以免被人捡走。毕竟找大疆维修或索赔，至少得有个"尸首"啊！我们可以通过查看【飞行记录】来寻找无人机的下落。

3. 如果在【标准地图】模式下觉得不直观，我们还可以切换到【卫星地图】模式，在其中更方便查找标志物。

飞行记录窗口中有飞行数据的统计和每一次飞行的详细记录。

4. 通过单击窗口下部的播放按钮，可以详细查看飞行器的飞行轨迹和你做的每一步操作。一般在播放终点处就是无人机所在的位置，请抓紧时间尽快找回！

9.2 无人机的维修与保养

精灵3如果损坏了，建议交给大疆专业维修机构来修理，不要贪便宜在无资质的小店维修。此外，为保证无人机的正常使用，对无人机进行良好的保养也是非常必要的。

9.2.1 无人机的维修

如果我们的无人机发生了损坏，可拨打大疆客服热线：400-700-0303，在其指导下处理，或直接登录大疆官网，打开其维修服务页面。如下图所示，可在其中进行自助寄修。大疆维修有三种模式：急速换新、预约快修和自助寄修。其中急速换新需购买DJI Care服务，预约快修要亲自到大疆位于深圳的维修点维修，自助寄修是比较常用的方式。

DJI自助服务中心页面

自助寄修流程

大疆的自助寄修服务有一套完善的流程，你只需在网上填写相关的信息，说明损坏的情况，大疆就会指定专门的顺丰快递找你取无人机，修好后再由顺丰快递送还给你，还是比较方便的。当然，整个维修过程的时间要长一些，大约两周。具体可按以下步骤进行。

1. 首先要在网上提交维修信息。如果我们在购买无人机时注册了大疆账号，登录后会直接选择绑定的无人机。如果没有注册，可提供无人机的序列号。飞行器的序列号在电池仓附近，遥控器的序列号在其背面。

2. 然后要填写故障信息。这一步很重要，它直接关系到对故障的判断和责任的划分，对维修很有帮助。

3. 在该页面中还会让你填写你对故障的判断。如是个人原因，则选【人为损坏】，你将负责全部的维修费用；如果你认为是【产品原因】，大疆将仔细分析无人机发生故障时的详细数据。如最终确定是产品的原因，大疆将免费维修。如不是，大疆将再次和你沟通。

怎么炸机才怪飞机

1. 电量耗尽造成摔机：无人机会提醒电量不足，需要返航

2. 五级以上大风造成摔机：大疆无人机一般抗风等级为五级，具体型号请甄别

3. 低电量时返航高度设定过高：爬升过高，导致电量损耗更多

4. 返航高度过低碰撞障碍物：没有按照周围建筑物设定有效返航高度

5. 打杆失误：人为失误

6. 姿态飞行造成炸机：姿态模式没有安全定位能力

如果不是在以上6种情况下炸机，那基本就怪无人机"抽风"了！

以上情况下出现的炸机，需用户自行负责。

4. 一般大疆因无人机自身的问题造成损毁甚至炸机的情况并不多，大多数还是因为飞手自身的原因造成的事故。以上原因造成的炸机是不能怪大疆的。

5. 大疆会让你在填写维修信息的时候同步你的飞行记录，这样有助于分析事故原因。单击飞行记录窗口右上角的【云朵】图标，在弹出的小窗口中选择要同步的类型即可。

6. 信息填写完毕后，还可选择要邮寄的部件。如果是飞行器机身损坏，建议在寄回机身的同时，最好一同寄回遥控器。否则有可能维修完毕后，遥控器与机身还要重新匹配。

7. 大疆的维修服务有明确的标价，大家可直接在官网维修服务页面上查询。

8. 对各种配件也做了明码表价，所以大家不用担心会有乱收费的情况发生。

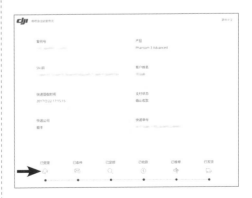

9. 还可以在维修服务页面上查询维修进度进行跟踪。上图所示是一个已经维修完毕的案例。

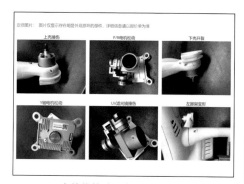

10. 在维修的过程中，大疆还会通过邮件和短信和您沟通故障分析的情况，会给您的无人机定损，给出维修建议，如上图所示。还会给您维修账单，您确认并付款后，大疆才进行修复。

11. 如果您认为大疆维修的速度太慢，无法接受，还可以购买大疆的【DJI Care】服务。除故意损坏外，即使人为失误造成的炸机，该服务也可为您免费一年两次更换新机，而且效率很高，一般不超过三天。

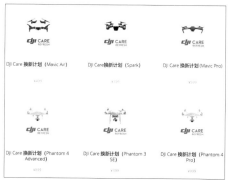

12. 不同机型DJI Care的价格也有所不同，且需每年购买。

13. 但不管是寄修还是DJI Care，大疆的服务仅限于对大疆设备的维修。如果我们想放心飞行，有条件的话还可以购买一些专对无人机的险种，如上图所示。

9.2.2 无人机的保养

为了延长无人机的使用寿命，在平时的使用中，要注意对无人机的保养。归纳起来有以下几点需要大家注意：

大疆精灵3专用背包

1. 为无人机的存贮和携带方便，我们最好准备一个精灵3的专用背包。背包分软壳和硬壳两种，为更好保护无人机，建议选用硬壳背包。

长期不用时，可在背包中放几个吸潮的炭包

2. 无人机长期不用时，需存贮在阴凉干燥的环境中。有条件的可以购买干燥箱，图省事用干燥剂也可以。

在沙滩起飞和降落时要使用起飞垫

3. 要保持机身的清洁。当机身有雨水或泥沙时，要及时清理，以免损坏电路和电机。尤其是沙尘，对电机的损害极大，严重时可引起炸机，所以飞行时要尽量避开沙尘。

4. 镜头和云台在存放时也要注意，一定要戴上云台卡扣，以免损坏云台。为避免镜头污损，可以给镜头加个镜头盖或UV镜。

5. 云台减震球也要注意检查。常在恶劣的环境下使用会加速减震球的老化。如发现镜头有抖动，拍摄不清晰，拍视频时有类似果冻的效果，就是减震出了问题，要及时更换减震球。

6. 电池的保养是重中之重，保养不好，轻则炸机，重则引发火灾。精灵3建议的使用温度为：-10°C至40°C，温度高于50°C会着火或爆炸，温度过低电池寿命会受到损害。建议在低温条件下使用时，选用电池保温套。

7. 电池长期存放时要尽量保持半满电状态，不要长期在亏电状态下存放，以免电池报废。电池的理想的保存温度为22°C至28°C，不能靠近热源或者冷源。存放电池的环境应保持干燥，不能将电池与金属项链、发夹或者其他金属物体一起贮存或运输。

8. 最后，祝大家愉快飞行，安全飞行，早日成为飞行高手！

第 **10** 章　照片和视频的后期
制作与分享

俗话说："独乐乐不如众乐乐。"我们可以将自己的作品精心打扮一番，与人共享。
本章内容将教大家一些简单的照片和视频后期处理技巧与分享方法。

10.1 照片的后期处理与分享

拍摄后的照片，既可以直接在移动设备上进行简单快速的编辑和发布分享，也可以下载到电脑上，通过 Photoshop 或 Lightroom 等专业的照片编辑软件进行精心的后期制作。

10.1.1 快速编辑和发布

拍摄完毕后，退出 DJI GO 的相机界面，进入主界面。点击编辑器，然后在图库中点击【照片】选项，即可进入照片素材库浏览刚才拍摄的照片。

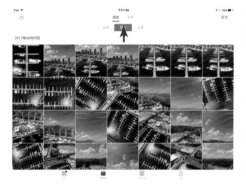

照片素材

选择想要的照片，在弹出的窗口中单击【发布】按键即可快速分享。单击【下载】按键即可将该照片的缩略图下载到移动设备上，其大小为 600~700K，可满足一般的手机浏览。单击【下载原图】，可将拍摄的照片原图下载到移动设备上，其大小和拍摄时所设的格式有关，其精度会高很多。

左下角为下载缩略图

在 DJI GO 的分享窗口中选择要分享的平台，单击【分享】按键即可发布分享。

分享到微信中

也可以把照片下载到移动设备中，对照片进行简单编辑和发布共享。

iPad 照片 APP

在 APP 中可进行剪裁，调色等简单编辑，也可进行发布共享。

在 APP 中进行编辑

10.1.2 在专业软件中对照片进行后期编辑

我们可以把照片导入电脑中,进行更专业的后期处理。一般JPEG格式的照片建议用Photoshop软件进行编辑,而DNG格式的照片建议用Lightroom软件进行后期处理。

在Photoshop中我们除了可以对照片进行一般的色调、亮度、饱和度等调整外,还可以用色阶和曲线等工具对照片进行更专业的处理,如下图所示。

调整菜单

色调调整

饱和度调整

通过色阶调整照片:打开色阶菜单,会弹出色阶直方图,曝光正常的照片会在直方图上显示出一个两边低、中间高,类似山一样的形状。

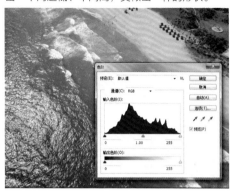

正常的曝光

直方图的横轴表示明暗度,越往左侧越暗,越往右侧越亮。直方图的竖轴代表像素的多少,越往上表示像素越多。曝光不足时,直方图左高右低;曝光过度时,直方图右高左低。

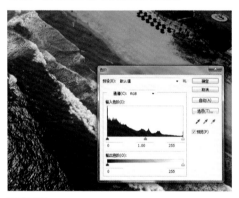

曝光不足

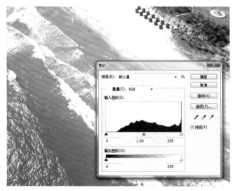

曝光过度

从这张图中明显可以看出，照片的反差过小，对比度不足，给人感觉灰蒙蒙的。

原图对比度不足

反映到直方图上，就是像素都集中在中间，而两边亮部和暗部过少。

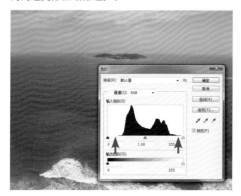

亮部、暗部过少

我们可在色阶窗口中对照片进行调整，将左右两个滑块向中间滑动，重新定义照片的亮部和暗部。

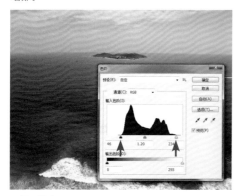

调整后的直方图

调整后的最终效果

通过曲线调整照片：曲线是一种更专业更精细的照片调整工具，其横坐标是原来的亮度，纵坐标是调整后的亮度。在未做调整时，曲线是一条45°的直线。

如下图所示，照片曝光基本正确，但略显不足，我们可通过曲线工具对其进行精细调整。

原图

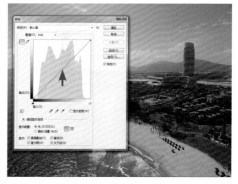

该图曲线

将曲线上的一点往上拉，它的纵坐标就大于横坐标了。也就是说，调整后的亮度大于调整前的亮度，此处的亮度增加了。反之，则亮度降低。

我们可以这样调整照片，在曲线中选择对应照片亮度的地方拖动曲线，调整该部分亮度。曲线可以在多个点进行复杂的亮度调整，还可对不同的颜色通道进行分别调整，以达到调整色调的效果，如下图所示。

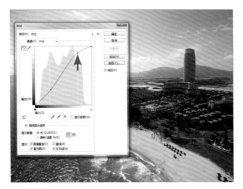

调整曲线

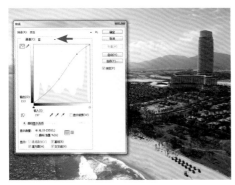

分颜色通道调整

最终效果

Photoshop是一种非常专业的照片编辑工具，其最核心的技术是图层和蒙版。下面我们用这两种工具进行一次较复杂的照片合成处理。

下图是一张施工中的丝路之塔的照片，灯塔造型优美，但施工中的背景很杂乱，我们为其更换背景。

原图

新的背景

1. 用钢笔工具将灯塔主体勾勒出来，建立钢笔路径。

钢笔工具

2. 单击鼠标右键，在弹出的菜单中单击【建立选区】，即可将钢笔路径转化为选区。

建立选区

3. 在复杂的细节处用钢笔建立选区不太方便，我们可用快速蒙版工具建立选区。单击快速蒙版可以看到，被选处为照片原色，需去除的部分为红色。可用画笔工具调整好画笔笔触，然后仔细地将要选取部分的红色清除干净，如下图所示。

快速蒙版

用画笔工具清除

4. 再次单击快速蒙版工具去除蒙版，回到正常状态。此时可见，选区已经建立完毕，直接将灯塔抠出即可。

最终的选区

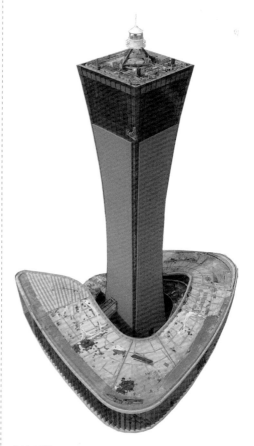

抠出灯塔

5. 下面我们就可以利用图层将扣出的灯塔放到新的背景上去。

先复制抠出的灯塔，再单击图层窗口中的新建图层，新建一个图层，最后将灯塔粘贴到该图层上，并用移动工具移到相应的位置，如下图所示。

新背景中的灯塔

6. 由于背景的角度不同，我们需对灯塔和背景的透视关系略作调整。用选区工具选中需调整的地方，按快捷键"Ctrl+T"，然后用鼠标拖动，即可进行透视变形。

透视变形

最终透视变形效果

7. 我们再用橡皮工具对底座进行一下修整，使底座看起来和背景更协调一些。

修整底座

8. 最后给大家介绍一种专业的照片调色方法。我们可在图层窗口中单击调整图层，打开调整菜单，在其中选择要调整的选项，如下图所示。使用这种方式调色可随时修改调色数值，对原图没有损害。

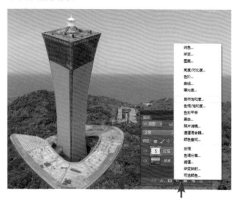

调整图层

最终效果

9. 对于RAW格式的照片，推荐大家用更专业的软件Lightroom来进行后期编辑。Lightroom软件所有的编辑操作对原图都不会造成损伤，而且Lightroom有照片的文档管理功能，非常专业。

照片库管理　　　　　　　　　　　　　　　　　无损调整

10.2　视频的快速编辑与分享

和照片一样，拍摄后的视频既可以直接在移动设备上进行简单快速的编辑和发布分享，也可以下载到电脑上，通过专业的视频编辑软件进行后期制作。

10.2.1　素材的浏览与粗剪

进入主界面，点击编辑器，然后在图库中点击【视频】选项，即可进入视频素材库浏览拍摄过的视频。

单击单个素材，我们会在一个新窗口打开该视频素材，在窗口中可以对视频素材进行浏览和粗剪。

视频素材浏览与粗剪

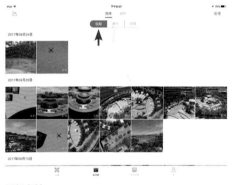

视频素材

开始剪辑

在浏览的同时，我们可以对视频素材进行粗剪，删除不用的部分，保留有用的部分。

单击【剪辑】按钮即可进入视频素材的粗剪模式。先浏览素材，当素材播放到【保留开始】的位置时按下【剪裁】，当素材播放到【保留结束】的位置时按下【对勾】，即可实现对素材的粗剪，如下图所示。

结束剪辑

可以看到，该素材经过粗剪，由原来的19秒变为10秒。单击右上角的【保存】按钮可以将粗剪后的素材保存为一个新的素材片段，如下图所示。

粗剪后的素材

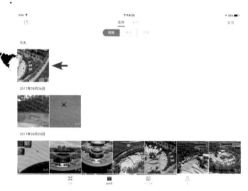

新的素材片段

也可以单击粗剪窗口下面的【创建影片】，直接创建一个该素材视频短片。具体创建影片的操作请参见后面的内容。

创建影片

10.2.2 影片-自由编辑

1. 进入编辑器界面，点击【创作】选项，进入影片创作窗口。

影片创作窗口

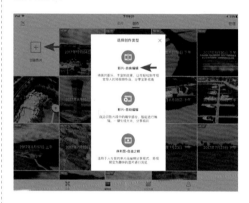

2. 单击【创建影片】，在弹出的窗口中选择创建类型，通常我们选择【影片-自由编辑】选项来手动创建一个影片。

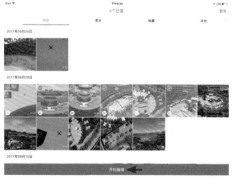

3. 首先，我们需要在素材窗口中选择可能用到的素材，然后单击"开始编辑"按钮。

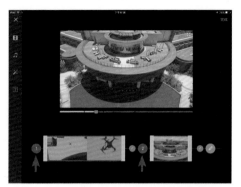

4. 在弹出的视频编辑窗口中，视频素材会拥有一个数字编号，按前后顺序排列。

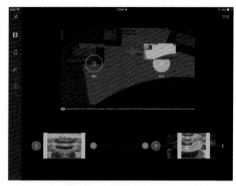

7. 单击视频素材，将其向上拖到回放窗口中。还可以删除或复制该素材片段。

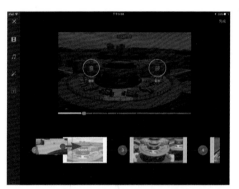

5. 我们可以选中一段视频素材，然后在素材序列上拖动，将它移到想去的位置。

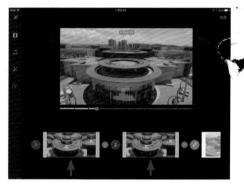

8. 在原素材后面复制出一段一模一样的素材。

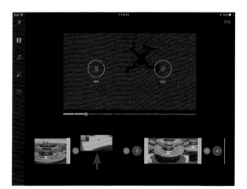

6. 例如，我们将第一段视频素材移到第三段视频素材的前面。

9. 在视频素材序列的结尾会出现一个"加号"，单击它可以打开素材窗口，添加素材。

10. 单击视频素材片段前面的铅笔按钮，我们还可对该视频素材进行进一步的编辑。

11. 我们可以在素材编辑窗口中拖动时间条的两端，更改视频素材的长度。

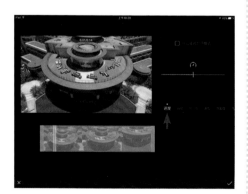

12. 我们可以在回放窗口右侧的编辑功能区选择"速度、反转、对比度"等编辑功能，来对视频素材进行进一步的编辑。

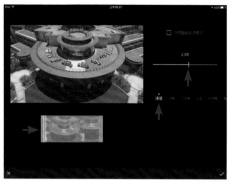

13. 速度选项可以对视频素材进行快放和慢放的处理，素材长度会根据播放速度进行相应的变化，最多可进行10倍的变速。

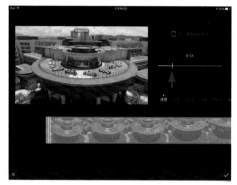

慢放效果

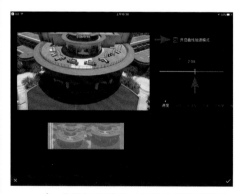

14. 曲线加速模式：勾选曲线加速模式。使素材加速时，并非采取匀速的加速模式，而是采取开始加速慢，后面越来越快的这种曲线模式。减速时也是采取这种模式。

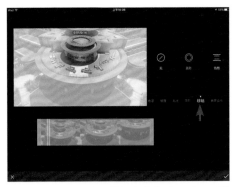

15. 将编辑功能菜单往左拖动，可显示锐度、高光、阴影、移轴等选项。

18. DJI GO 提供交错、白场、黑场、交叉等转场效果。使用合适的转场效果可使视频素材间的过渡更自然。

16. 反转功能是将视频素材倒放。进行反转处理时，视频需要一定时间的渲染，具体时间视视频素材的长度和移动设备的性能而定。

19. 上图为添加交错转场的效果。可见，在两段视频素材进行过渡的时候，两段视频会产生一定范围的叠加。

17. 在两段视频素材之间带有【/】的按钮是转场功能键，单击该按钮可在两段视频素材之间加入转场。

20. 单击该按钮可为视频短片添加背景音乐。注意，DJI GO 只能为视频短片添加一层统一的背景音乐。

21. 我们可选择不同类型的音乐，被选中的音乐右上角会显示一个【心形】符号。除了软件自带的音乐以外，单击【更多音乐】按钮，可以导入自己需要的音乐。单击【音乐模式】按钮，可选择不同音乐模式。

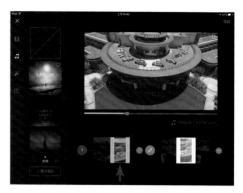

22. 【完整音乐模式】是用一首完整的音乐来匹配影片，影片结束时音乐中断。如果影片长度大于该音乐，则音乐自动循环。【精华音乐模式】自动选择精彩的音乐，自动匹配影片长度。【自动匹配音乐节奏】，影片通过裁剪和压缩视频素材来自动匹配音乐节奏。该模式下，素材片段会被自动裁剪。

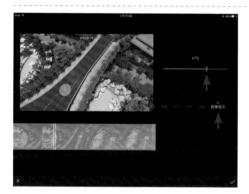

23. 单独选择视频素材，在右侧的功能中选择【背景音乐】，可调整该段视频素材所对应的背景音乐的音量。

24. 单击滤镜按钮，可为影片进行风格美化，比如可以选择【怀旧】【暗角】【黑白】【复古】等。上图为【黑白】风格。

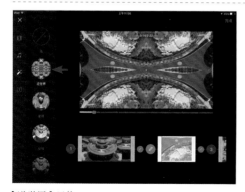

【逆世界】风格

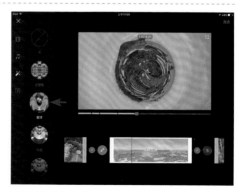

【星球】风格

25. 单击该按钮，可为影片添加开场字幕。

26. 单击【TEXT】按钮，可手动添加想要的字幕。字幕内容编辑完成后，用手指拖动该字幕可将字幕移动到想要的位置。

27. 用两个手指在字幕方框区域内滑动可放大和缩小字幕。

28. 将两个手指放在字幕方框区域内，其中一个手指不动，另外一个手指上下滑动，可旋转该字幕。

29. 字幕最终效果如图所示。注意，DJI GO 只能为影片添加统一的开场字幕，不能为视频素材添加单独的字幕。

30. 我们还可以为影片添加软件自带的定制开场字幕，如图所示。所有开场字幕的播放时间大约为4秒。

31. 影片编辑完成后，我们单击视频编辑窗口右上角的【完成】来渲染生成影片，持续时间视影片大小和移动设备性能而定。

32. 影片渲染完毕后，还可以为影片设置一个封面，拖动指针在时间线上选一个画面，然后单击【设置封面】即可。一个好的封面对于影片来说还是很重要的。

33. 我们还可以对影片增加描述和标签。当你的作品越来越多时，这对于影片的分类和搜索有一定的帮助。

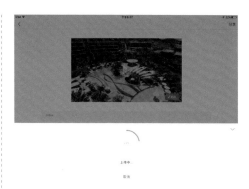

34. 以上步骤完成后，影片会自动上传至大疆的天空之城社区，供大家欣赏。

35. 我们还可以将其共享到微信、QQ朋友圈等其他平台。在微信上共享时，会有【链接形式分享】和【文件形式分享】两种方式。

36. 【文件形式分享】，微信会对影片先进行压缩，然后再发送，影片质量会有一定的损失。

【链接形式分享】，微信直接将影片的链接发送过去，清晰度较高，但打开影片较慢。上图为链接形式分享。

10.2.3 影片-自动编辑

创建影片时，我们也可选择【影片-自动编辑】选项，来轻松快速地创建一个影片。

用这种方式创建影片，软件会自动识别视频素材中的精华部分，进行智能编辑，让影片的编辑变得较为轻松。

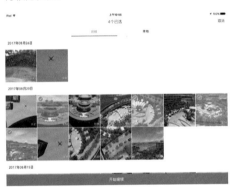

1. 单击【影片-自动编辑】会弹出素材浏览窗口，我们可从中选取所需的素材。

2. 选好素材后点击【开始编辑】，影片就会自动剪辑并回放。

3. 回放完毕后，如果我们对影片不满意，可以单击窗口中黑色区域，进入编辑界面。

4. 首先，我们可以将自动默认的音乐更换为自己想要的风格的音乐。

5. 更换时请注意，自动编辑模式是根据音乐的长度来设定整个影片长度的。其实这种方式更符合专业的影视后期编辑习惯。

6. 我们可以调整视频素材的位置，选中一个素材，直接将其拖动到想要的位置上即可。

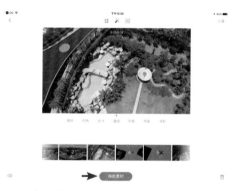

7. 如果我们对软件自动选取的这批素材不满意，还可以点击【换批素材】，让软件自动更换一批素材。可以多次更换，直到满意为止。

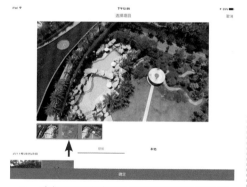

8. 我们还可以对单独的视频素材进行调整。单击一段视频素材会打开【选择项目窗口】，可以在时间线上移动素材选取区域来选择想要的素材。

9. 单击字幕图标，为影片添加开场字幕。自动编辑模式下，影片开场字幕只有一种模式。

10. 单击滤镜图标，可自动为影片进行亮度、对比度和饱和度的校正。

11. 单击【HD】图标，可将素材转化成高清素材，从而生成高清影片。

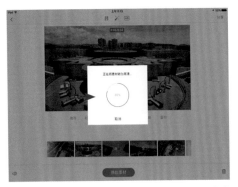

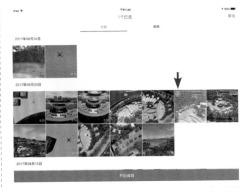

12. 生成高清影片时请注意，如果高清素材没有下载到移动设备上，需将移动设备与无人机进行连接，然后下载高清素材。

1. 单击【序列图-自由之眼】会弹出素材浏览窗口，可从中选取所需的素材。需要注意的是，只能选择一个视频素材，且不能选择图片素材。

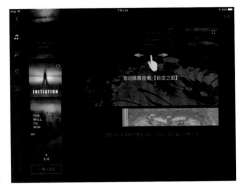

13. 修改完成后即可渲染生成并分享了，其过程和自由编辑一致。需要注意的是，在自动编辑模式下，我们选择视频素材的长度不得低于1分钟，单个视频素材不能少于6秒，而且不能选择图片素材。

2. 单击【开始编辑】进入编辑窗口，可在回放窗口中左右滑动屏幕来浏览视频素材。

10.2.4　创建序列图

最后，我们还可选择【序列图-自由之眼】选项，来创建一组序列图。

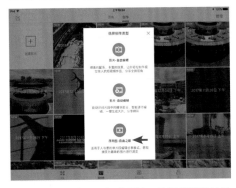

将视频变为一组趣味图片，将图片以独特的单片段的方式分享出去，是DJI GO的新功能，也是现今摄影界较流行的一种分享方式。

3. 制作序列图，一般建议不超过30秒。过长的视频素材，软件会自动截取到30秒。

4. 少于30秒的视频素材，软件会完整地保留其长度。还可以在时间线上滑动选取区域来改变其长度。

5. 在编辑窗口的左侧可对音乐、滤镜、增强效果和片头字幕做进一步编辑。

6. 编辑完成后，和【自由编辑】一样进行渲染生成并分享。

7. 这是分享到微信平台后，在安卓系统手机上浏览的效果。用手指在屏幕上滑动即可观看序列图。

10.2.5 在专业软件中对影片进行后期编辑

除了在DJI GO自带的编辑软件上进行视频编辑外，我们还可以将存储卡中的视频素材导入到Windows或苹果平台，用专业的视频后期编辑软件对其进行编辑，好的作品甚至可以达到广播级的水平。

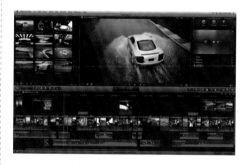

在苹果平台上，我们一般可用Final Cut Pro或苹果版Premier进行专业编辑。

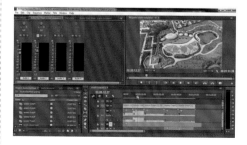

在Windows平台上，我们一般用Windows版Premier进行专业编辑。

第11章　全景照片的拍摄与制作

　　全景照片结合VR技术可以将简单的平面照片变活，将你带入现场，给你身临其境的体验。你可以用第一人称的视角欣赏无人机带给你的震撼美景，而无人机的特点注定了它就是为大场面的全景而生。
　　本章内容将从拍摄和后期制作两方面教大家如何制作全景照片。

11.1　全景照片的拍摄

全景照片【PANORAMA】，通常是指超出人的双眼正常有效视角（包括双眼余光视角，大约水平180°，垂直90°）以上的大视角照片，有的甚至能够达到720°（水平360°，垂直360°）拍摄出完整场景范围的照片。

传统的光学摄影全景照片是把90°～360°的场景（柱形全景）全部展现在一个二维平面上，把一个场景的前、后、左、右一览无遗地推到观者的眼前。更有所谓"完整"全景（球形全景），甚至将头顶和脚底都"入画"了，这就是我们所说的720°全景。全景图像可以用专门的软件在互联网上显示，并可使用鼠标和键盘控制环视的方向，可左、可右、可近、可远，给人一种身临其境的感觉。

随着数字影像技术和Internet技术的不断发展，现在全景图像还可以在手机、iPad等移动设备上显示，而且通过3D眼镜、VR穿戴设备，我们可以获得强烈的身临其境的感觉。

VR眼镜

三亚大东海720°星球模式全景照片

三亚崖州湾希尔顿酒店720°全景照片

11.1.1 全景照片的拍摄流程

要想获得一张全景照片，我们需要按以下步骤来操作：

1. 拍摄一般的360°全景照片，需要用相机在拍摄地旋转360°。拍摄一组照片，每张照片和相邻的照片之间至少有20%的重合部分，这样才能方便软件自动识别。

2. 拍摄完的照片需要放到专业的全景合成软件中进行编辑并合成全景图。软件包括Photoshop、PTGui等。

3. 我们需要将做好的全景图上传至全景网站平台进行分享，如【720云】。

如果要制作720°全景照片，还需要拍摄当地环境中的天空和地面的照片，我们一般称之为"补天"和"补地"。其中补地是720°全景照片拍摄的难点。普通相机拍摄时需使用三脚架，这使其很难拍摄到完整的地面，而这在无人机面前则完全不是问题。

360°全景照片的拍摄

上图为制作720°全景照片的典型流程图。首先，我们需用相机或无人机拍摄一组照片，然后将它们导入PTGui中制作成全景图，再用Photoshop对全景图进行"补天"或"补地"处理 并修补缺陷，这样即可生成一张完整的720°全景图。将全景照片上传至720云全景平台，即可生成可自由浏览720°的全景VR照片。最后，我们可以将其分享发布到各种互联网平台上去。

11.1.2　用无人机拍摄全景照片

无人机可以拍摄宏大的场景，视角独特，非常具有震撼力。而且无人机拍摄受场地限制较小，可以拍摄一般人到达不了的地方的美景。最后，无人机拍摄全景较为简单，可方便地拍摄正下方的地面，即【补地】。当然，一般无人机无法拍摄其正上方的天空。但我们可以在软件中轻松地进行【补天】。所以，无人机一般用于户外风光、建筑等大场面720°全景的拍摄。

在相机参数设置上，如果采用自动曝光模式，测完光后最好将【AE】锁上，这样可以避免后期制作时照片之间的曝光参数不同，造成明暗反差过大。

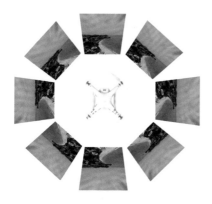

精灵3的镜头为94°，按每张照片重叠20%计算，拍一圈至少需要6张，再增加些冗余，以防大风等原因造成的偏差，所以一圈最好拍8张以上。

全景拍摄时，无人机飞得越高，所拍出来的场面越宏大，飞得越低则细节越清晰。我一般的拍摄高度集中在30～100m范围内，再低，航拍视角的效果就不明显了。

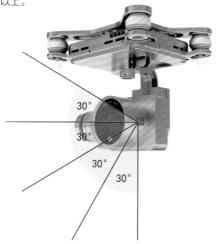

在垂直方向上，我们至少要水平拍一圈，斜下方45°拍一圈，垂直地面拍一张。同样为了冗余一些，方便后期制作，我们可以每隔30°拍一圈，垂直地面方向拍4张。

拍摄时尽量选择风小、GPS信号较强的地方。飞行模式选择P-GPS模式，以免无人机拍摄过程中位置发生变化，影响后期制作。

拍摄时，可先借助 DJI GO 上的标尺调好相机的俯仰角，上图所示标尺的镜头位置即为水平。然后横向拍摄一圈，拍摄的角度间隔可参考姿态球，姿态球中间箭头的方向就是镜头所对的方向。因为姿态球没有镜头俯仰标尺精细，所以拍摄时建议先定姿态球的方向，然后在同一方向上让相机用不同的俯仰角度拍摄一组照片，再更换方向拍摄另一组，直至拍完一周。

11.2 全景照片的后期制作

因全景照片图片素材较多，合成后文件少则几十兆，多则几百兆，所以请尽量准备一台速度较快的计算机，以方便后期制作。

11.2.1 在PTGui中合成

在制作全景照片的众多软件中，PTGui是一款使用广泛且功能强大的720°全景照片拼接合成软件。本书中我们将以PTGui为例，讲解如何将一张张的普通照片素材导入PTGui，在其中自动拼接成一张具有震撼效果的720°全景图像。

1. 曝光补偿归零的状态。

2. 选择【方案助手】标签页，单击【加载图像】按钮来导入全景素材。

3. 在弹出的添加图像窗口中选择全景素材。这次我们制作一个建筑的全景。从素材中可见，我们的素材较为简单，仅有19张照片。这是采用每圈6张，+30°、0°和-45°共3圈加垂直一张的比较低的冗余度的方式拍摄的。这是因为拍摄的高度较低，只有30m，而且拍摄的条件较好，无人机非常稳定。如果现场达不到这些条件，还需增加一些冗余度，这样比较保险。

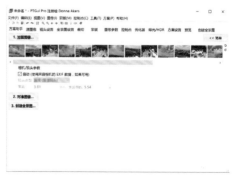

4. 在上一个窗口中选中所有素材，单击【打开】即可导入素材，如上图所示。

5. 素材导入后，单击【对准图像】按钮。PTGui会分析每一张素材，然后自动进行对准拼接。上图的小窗口显示，PTGui正在对素材进行分析，这需要一点时间。

6. 素材分析完成后会弹出一个【全景图编辑器】的窗口，从中可以看出拼接的效果。每张图都已进行了编号，方便我们观察。因为素材质量较高，我们可以看出这次拼接得不错，水平线很直，拼缝连接得也很完美，可以说是一次成功。不过在实际操作中，往往不会这么顺利。

7. 全景图拼接完成后，我们单击【创建全景图】按钮来输出最终的全景照片。

8. 在最终输出前，我们还可以调整输出全景照片的尺寸。有三种尺寸可以设置，其中最大尺寸可生成上亿像素的全景图，适合在大屏幕上播放；最小的只有50万像素，只适合在屏幕较小的手机上分享。我们这次选择中间的400万像素的尺寸进行输出。

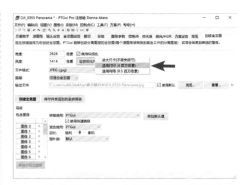

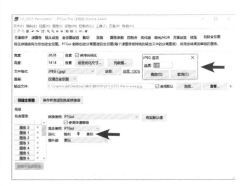

9. 此外，我们还可以选择输出文件格式和压缩率。本次我们选择JPEG格式输出，并且选择比较中性的锐利度。

10. 设置好输出路径，单击【创建全景图】进行最终输出渲染，如上图所示。

PTGui生成的全景照片

我们可以看到，由于镜头上扬30°的原因，螺旋桨有些穿帮。而且，由于精灵3不能向正上方拍摄，所以天空的上部有一定的缺失。这些可以通过Photoshop在后期中修补，即【补天】。

11.2.2　PTGui的高级应用

通过上面的例子，我们可能感觉生成全景照片非常简单。但此例其实是最理想的效果，实际操作中由于原始素材的质量参差不齐，制作过程往往没有这么顺利，需要不断修正才能生成理想的全景照片。下面我们再介绍一个复杂一点的例子。

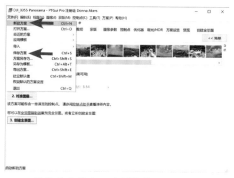

1. 首先我们将上一个制作的方案保存，以便日后修改。方案文件的扩展名为【pts】。文件中可以保留所有的素材信息和你所做的拼接工作。然后单击【新建方案】，制作一个新的全景照片。

2. 这次我们制作一个较为复杂的全景照片，首先打开一个【大东海】的文件夹，导入素材。在窗口中可以看到素材一共32张，每一组都是以上扬30°的照片开头，共8组。拍摄角度分别是30°、0°、-45°和垂直向下。因拍摄现场在海边，海风较大，可能影响到无人机的稳定性，所以素材质量比上一个案例差一些。

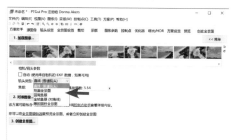

3. 素材导入后，我们可设置【相机/镜头参数】，可选镜头类型。如果拿不准镜头类型，最好选择【直线普通镜头】。

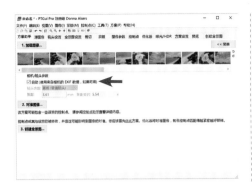

4. 如果知道镜头的具体参数，可直接输入【焦距】和【焦距乘数】等数据，这样可以更精确地拼接。对于精灵 3 来说，我们只需简单勾选【自动】，一般就可以正确拼接了。

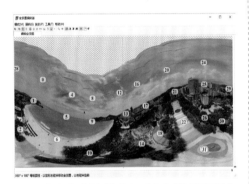

5. 单击【对准图像】打开【全景图编辑器】，发现生成的全景图严重扭曲变形，这是由于拍摄的素材存在误差造成的。不过大部分时候这种误差是可以修复的，不影响最后的拼接效果。

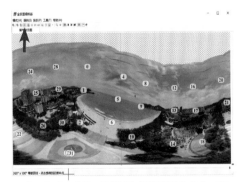

6. 这时，我们可以选择【设置居中点】工具，其形状为一个十字光标。在我们认为应该是水平的地方单击，来修正图像。

7. 一般情况下，一次会修复一部分。我们可以多做几次，直到将图像拉直。此外，窗口工具栏里还有个【拉直全景图】工具，大家也可尝试使用，它会自动将扭曲的全景图拉直。但很多情况下它是无效的，只能手动拉直。

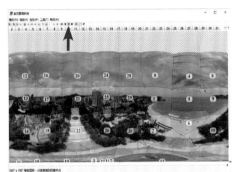

8. 此时，我们可以打开【模式菜单】，选择【显示接缝】或单击箭头所示工具按钮，来观察每张图是如何拼接的。在这种模式下，素材之间的颜色未经过自动调整混合，所以每张图色调显得有些杂乱。此外，我们发现全景图的底部素材较密集，扭曲变形很大，这有可能影响最后生成的效果。

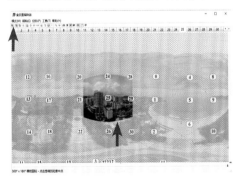

9. 单击【编辑个别图像】工具可以选择并浏览单个图像素材。

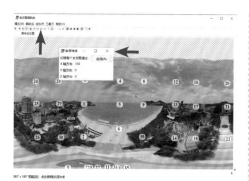

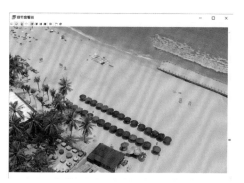

10. 平移整个全景图，将海滩部分放到这个全景图的中心。可以用【设置居中点】工具在海面的中心单击，也可单击【数字转换】工具在弹出的窗口中的【X轴方向】输入相应的像素值。注意【Y轴方向】和【Z轴方向】，不要随意输入，那样可能产生意想不到的结果。

13. 【显示细节查看器】外形是一个放大镜的图标，用放大镜单击所要查看的地方，就可以打开【细节查看器】窗口。我们可在窗口中仔细检查细节的拼接情况。

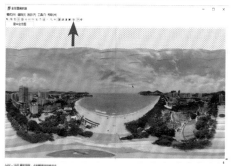

11. 单击【显示图像编号】工具，将干扰我们视线的编号隐去。观察一下拼接的效果，粗略浏览，感觉拼接得还可以，没有发现什么大的问题。

14. 在【细节查看器】窗口中选择手指形图标就可以拖曳移动细节放大图。通过拖曳观察全景图的底部，发现底部的拼接有问题，地面椭圆形的图案有些错位，拼接得不整齐。

12. 粗略浏览之后，打开【显示细节查看器】，对一些细节进行认真检查，尤其是一些可能出错的重点部位，比如我们刚才感觉比较混乱的底部。

15. 可以直接在【细节查看器】窗口中对其进行修改。用鼠标右键在有问题处单击，会弹出一个菜单，上面标出了在此处都用了哪些素材进行拼接。

16. 单击每张素材，看它们的情况。经过比较我们发现，【图像3】的质量比较好，可以保留。然后单击不需要的素材，选择【从全景图中排除】，将其移去。删除的原则是：既要去掉会产生干扰的素材，又要保持整个全景图的完整性，不能产生缺失的地方。

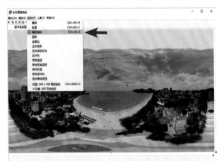

17. 我们再了解一下【投影】选项。在这两个例子中我们使用的都是【等距柱体】的投影模式选项，拼接的全景图为宽高比为2:1的长方形。用精灵3无人机制作720°全景图都可以使用这个投影模式。

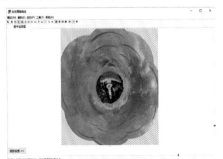

18. 换一种投影模式就会产生意想不到的结果，比如选择【小行星】投影模式，就会产生上图的效果。它虽然感觉很新颖奇幻，但无法生成我们最终想要的720°全景图。

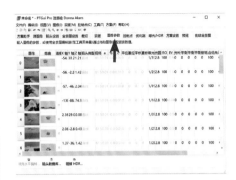

19. 在输出之前，我们再返回PTGui主界面了解一些必要的功能。打开【图像参数】标签页，在里面可以查询到所有素材图片的具体信息，包括快门速度、光圈和ISO等详细的参数，这有助于我们在拼接出现错误时排查是否导入了不合格的素材。

20. 打开【曝光/HDR】标签页。在此页中，我们可以调整整个全景图的曝光参数，还可以制作【HDR】全景图。点击【立即优化】即可自动修正全景图的曝光量。

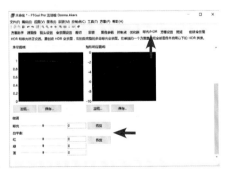

21. 当然，我们也可以手动修正全景图的曝光量和白平衡，如上图所示。但PTGui毕竟不是专业修图软件，所以建议大家在Photoshop里进行这些工作。

22. 我们再给大家介绍一个PTGui中常用的工具【蒙版】。在这张图中，箭头所指处拼接有些生硬，不太自然，可以用蒙版工具对其进行修复。

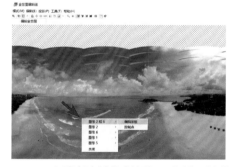

23. 用鼠标右键单击该处，可以发现该处是由【图像2】和【图像6】两张图拼接而成的。我们将鼠标放到【图像2和图像6】上，然后单击【编辑蒙版】，就可打开【蒙版】标签页了。

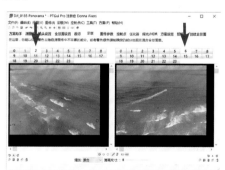

24. 在标签页中有左右两个窗口，分别对应【图像2】和【图像6】两个素材。我们也可以单击窗口上面的数字按钮，来更换其他的素材。

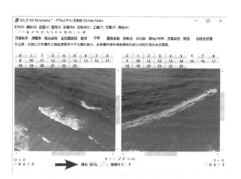

25. 点开缩放下拉菜单，将素材放大，发现拼接有问题的地方是在快艇处，这是因为拼接时大面积的水面，例如海洋和湖泊，是最难拼好的。广阔的水面缺乏参照物，而水面上的海浪和船舶等参照物又是实时变化形状和位置的，PTGui很难对其进行定位。本例中，快艇在运动，因而产生了拼接定位问题。

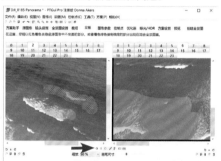

26. 在蒙版页面中可用【红绿白】三个蒙版编辑工具来修正我们的拼接效果。红色按钮叫【排除内容】工具，用其涂抹过的地方将被隐去；绿色按钮叫【包含内容】工具，用其涂抹过的地方在混合时被强制可见；白色是橡皮擦。我们可以用这三种工具对有问题的地方进行修复。

上图为最终修复的结果。可以看出，重复出现的快艇已被删去，拼接处显得非常自然。

11.2.3 在Photoshop中处理全景图

将PTGui生成的半成品全景图再导入到Photoshop中进行最终的处理，就可以生成完美的720°全景图了。

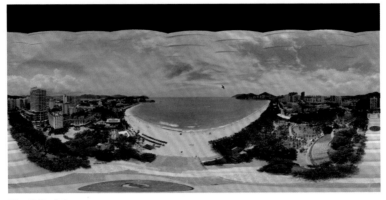

处理前的原图

通过以上步骤的处理，在PTGui里最终拼接生成了全景图，如上图所示。但这只是一个半成品，我们还要用软件对其进行进一步处理。

1. 将半成品全景图导入到Photoshop中，首先要做的就是【补天】。

3. 将其拖至旁边与其颜色尽量相近的地方，用正常的部分对穿帮部分进行覆盖，就可以达到完美的修复效果了。

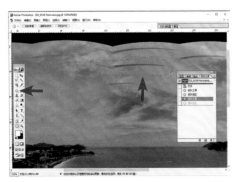

2. 用【修补工具】选中并去除穿帮部分。

4. 去掉所有穿帮部分后的全景图。

5. 需要将全景图中天空缺失的部分补充完整。

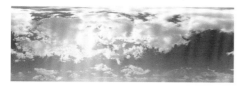

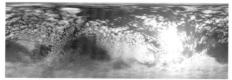

6. 对于制图高手来说，可以拍摄一些不同类型的天空的素材，将其制成全景天空素材备用。对于初学者来说，可以下载或购买网上现成的全景天空素材，然后从中挑选出与全景图最相配的来使用。

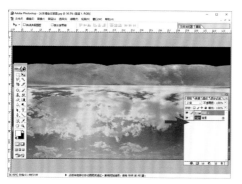

7. 第一个天空素材从整体色调和云的形状来说与全景图最相似。我们新建一个图层，将其加入进来。

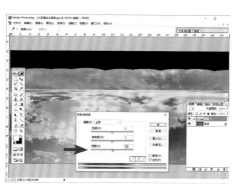

8. 如天空素材和全景图有较大的色差，可以先对素材进行色调的调整，以便最后补天的效果显得较为自然。

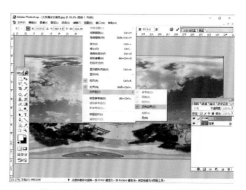

9. 将天空素材缩放到合适的大小并填补到空缺的位置上。注意：天空素材填补时，一定要和全景图的上部和左右边界对齐，一个像素都不能偏移。为了精确定位，我们可打开【视图】菜单中的对齐功能。对齐的效果如上图所示。

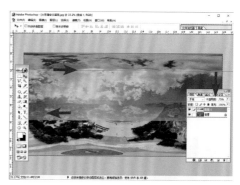

10. 为了使天空补得自然，可以设置一些参考线。先降低天空素材的【不透明度】，在天空空缺的位置设置一条参考线，然后在全景图的建筑物和山脉的上沿再设置一条。

11. 参考线设置完成后，将天空素材的【不透明度】恢复成100%。上面那根参考线以上的部分将全部用天空素材来填充，下面那根参考线以下的部分将保留全景图中的内容，而两根参考线中间的部分是透明度的渐进过渡区。

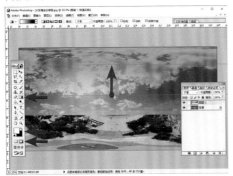

12. 进入快速蒙版模式，然后将前景色和背景色设置为如图所示模式，再选取【渐变工具】，按住键盘上的【shift】键，从下面参考线拖到上面参考线。注意：拖曳时一定要保持完全的垂直。

13. 在快速蒙版中编辑结束后，切换回标准编辑模式，会发现全景图中多了一个选区。

14. 确保当前选中的图层为天空素材，单击键盘上的【Delete】键裁切天空素材。

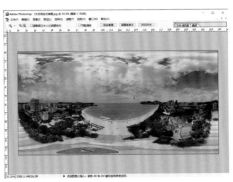

15. 裁切后的效果如图所示。可以看到，天空素材已经非常自然地和全景图融为一体了。到这一步，补天可以说已经基本成功，然后我们可将文件存为带图层的PSD格式，方便以后进行修改。

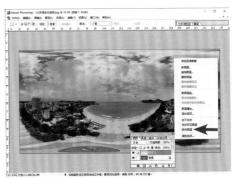

16. 存储完备份后，打开图层窗口拼合图层，将天空素材和全景图拼成一个图层，方便我们后续进一步调整。

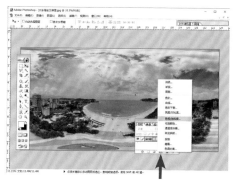

17. 如果需要，可对补天后的新全景图进行调色处理。在Photoshop中调色，比在PTGui中更专业更方便。我们可单击图层窗口中的【调整图层】按钮，给全景图新增一个调整图层。

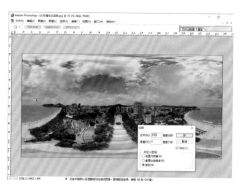

20. 我们知道全景图的尺寸为：2828×1414，在位移窗口的【水平】中输入1400，使全景图的接缝处大致移到图片的中间。

18. 在新建的调整图层中给全景图调色。前面已经讲过，用这种方法比直接用【调整】菜单来做更专业，方便以后的修改。

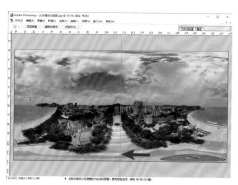

21. 此图就是【位移】后的效果，参考线所处的位置就是接缝移到的位置。

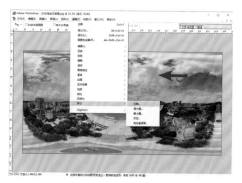

19. 最后还要对全景天空图的接缝处进行检查。打开滤镜里的【其他】菜单，选择【位移】。

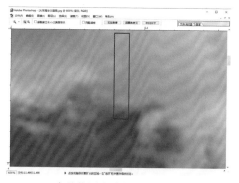

22. 在此位置上我们可非常方便地检查拼缝处的连接情况。经过放大可看到，天空的拼缝处连接得不自然，有明显拼接痕迹。这在看平面图片时没任何问题，但在浏览720°全景图时，就会看到这个明显的拼缝了。

23. 用【修补工具】选中并去除穿帮部分。

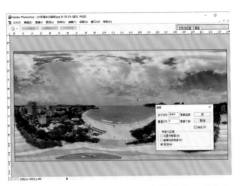

25. 我们再做一次位移，在位移窗口的【水平】中输入-1400，将全景图移回原来的位置。

24. 将其拖至旁边与其颜色尽量相近的地方，用正常的部分对有问题的部分进行覆盖，就可以达到完美的修复效果了。

26. 最后将全景图放大，对全景图的各处细节做一次完整的检查。如果到720云全景平台上发现问题，再修改就比较麻烦了。

处理后的全景图效果

11.3　全景照片的制作分享

平面的全景照片做完后，我们可以将其导入720云全景平台，生成可720°无死角浏览的VR全景图（Pano VR）。

720云是一款免费与商业兼顾的全景互动分享平台。全景爱好者既可以通过平台进行全景学习、制作、分享与互动，也可以与其签约出售或购买作品。当然，类似的全景平台网站还有很多，本书仅以720云为例。

3. 开通VIP需要绑定银行卡付费。720云里有一些功能是只有付费的VIP账户才能使用的，但一般来说，其免费的功能已足够我们使用了。下面我们单击账户，进入个人主页。

11.3.1　制作VR全景图

1. 注册时只需提供手机号，非常简单。

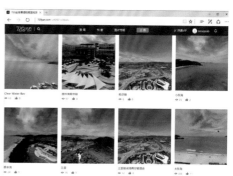

4. 在个人主页中，可以浏览和查找我们的作品，查看点击量，并可上传素材。

2. 协议中有商业收费的内容，所以大家最好看一下，以免引起版权纠纷。

5. 单击【上传】按钮，进入【作品管理窗口】，从本地或素材库添加平面的全景照片。

6. 不是所有的全景图都可以添加进来的，必须符合严格的要求。我们可单击【全景图片规范】查看其命名与尺寸要求。对于前面我们用PTGui生成的2:1全景图来说比较简单，不用修改，可直接添加进来。

7. 素材添加后，我们可以修改素材的名称，给要生成的720全景图添加一个名字和标签，方便我们以后分类和查找。

8. 最后，单击窗口下面的【上传】按钮，将全景素材上传至720云，如图所示，上传成功。单击【作品管理列表】可进入【作品管理】窗口。

9. 在作品管理窗口，可以浏览和查找上传过的全景素材。在该窗口中，我们可以分享、编辑和删除全景素材。将鼠标移到一条全景素材上，其旁边会显示出【预览】按钮。

10. 单击【预览】按钮进入预览窗口。如屏幕提示，可用鼠标来进行全景图的预览；如果鼠标不动，可自动进入从左至右的循环浏览模式。

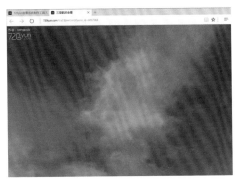

11. 除了左右360°浏览外，将鼠标上移，即可浏览天空部分。

12. 将鼠标下移，即可浏览地面部分，真正做到了720°全方位无死角浏览，这时我们才体会到VR全景的真正魅力所在。

14. 在编辑窗口中，我们选择【基础】。在基础设置窗口中可以给全景图添加说明，并根据需要设置【全局开关】。【全局开关】就是在浏览时添加的附加功能。

13. 浏览完毕后，勾选该素材，单击其右侧的【编辑】按钮，进入编辑窗口，对全景图进行进一步的编辑。

15. 单击右上角的【预览】按钮，先看一下【全局开关】关闭时的浏览效果。可以看到，除了左上角有个720云的图标外，浏览窗口中什么都没有。

作者名称

VR眼镜
视角切换

分享　说一说

16. 我们将【全局开关】全部打开，可以看到浏览窗口中增加了很多功能。

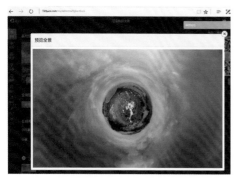

17. 例如我们打开【小行星开场】开关，浏览时，全景图会以小行星的模式进入浏览窗口，效果非常奇幻、震撼。

18. 打开【说一说】开关，别人浏览时可以加入自己对作品的评论和感想，便于互动，而且非常有趣。

19. 打开【足迹】开关，可定位拍摄时的位置和运行轨迹，非常实用。

20. 打开【视角切换】开关，浏览时可在【正常】【小行星】【鱼眼】【水晶球】4种模式中切换，大家可以尝试一下。

21. 我们还可以在基础设置窗口中添加场景，在浏览时可以将一个大的场景作为主场景，将主场景中的某一部分也做成全景图，作为一个分场景。当浏览主场景到某一个分场景时，可以切换进入该分场景。

22. 下面我们在【三亚全景】这个主场景中加入【大东海全景】和【小东海全景】两个分场景。

23. 在预览时会出现三个场景可供选择，可在其中任意切换，单击【场景选择】按钮可关闭和打开场景切换图标。

24. 下面我们设置浏览全景图时的视角。打开【视角】编辑窗口，上图所示视角为默认视角参数，可以对其进行更改。

25. 用鼠标直接在浏览窗口中拖曳移动可改变视角的位置，拖动【视角（FOV）范围设定】可改变视角和前后景深变化的量，左侧游标为最大景深，右侧游标为最小景深，中间为浏览时设定的景深，可用鼠标的滚轮来改变；【垂直视角限制】为向上方和下方浏览时的角度限制；将【保持初始视角】勾选，在浏览全景图自动巡游时会保持当前的视角不变。

26. 视角修改完后，需要单击【把当前视角设为初始视角】，这样新的视角才会生效，浏览时就可见到新的视角效果了。

27. 下面，我们在场景中添加热点来更加准确地定位各个场景之间的位置关系。如上图所示，进入【热点】编辑窗口。

28. 点击【添加】热点，选择一个合适的热点图标，其中带【GIF】标志的图标可以添加一张GIF图。本例中，我们将热点移至大东海和小东海处，为这两个场景添加热点引导。

29. 单击【选择热点类型】，将热点类型设置成【全景切换】，然后在场景列表里选择【大东海全景】。如果选择其他类型的热点，单击热点时将会有相应的操作，如【视频热点】，单击时会打开一段视频。

30. 接下来我们单击【选择图片】，将热点图标换为一张场景的缩略图。注意：缩略图尺寸不能太大，建议设置为100×100。最后我们还可以设置一个【场景切换效果】，使场景切换得更自然。

31. 预览时，可以看到在主场景中多了两个场景的热点缩略图，单击就可以进入该热点了。这种方式可以代替场景选择缩略图，其对画面的遮挡较小，而且位置更直观。

32. 我们可以为场景制作沙盘，沙盘可以说是地图的另外一种形式。可以在沙盘上进行全方位导览，而全景图会跟着实时变化。打开【沙盘】编辑窗口，我们为主场景添加一个沙盘。

33. 首先，我们要制作一张场景位置的地图图片，图片不要太大，建议尺寸480×480。用【选择图片】将其添加进全景图中，将视点的位置设置为当前场景的中心，视角设置为当前视角，白色的圆点即为当前视角，如上图所示。

34. 进入预览窗口，可以看到沙盘已经加入进来，单击【沙盘】开关可以显示和关闭沙盘。转动沙盘上的视角，全景图会随之转动到相应的位置上。

35. 进入遮罩窗口，可以为全景图制作【天空遮罩】和【地面遮罩】。遮罩是在全景图中置入一张小型的图片，该图可以携带一些你想放进去的信息，比如作者的名字、公司的标志等。

38. 遮罩还有一个巧妙的应用，就是可以遮挡一些缺陷。尤其对于初学者而言，补天、补地时稍有偏差就可能出现问题。例如，此图中补天出现的就是常见的问题，天空正中的拼缝生硬、不自然。

36. 作为遮罩的图片建议尺寸为500×500，格式最好为PNG，单击【选择图像】进行选取。

39. 通过给天空增加一个遮罩来遮住这个缺陷，如上图所示。此外，勾选【不随全景转动】可使遮罩在浏览时保持其位置不动。

37. 添加了两个遮罩，单击【选择场景】将其添加到主场景中。可以看到，在全景图的正下方已经加入了一个蓝色大疆标志的【地面遮罩】。

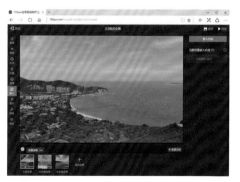

40. 进入嵌入窗口，可以为全景图嵌入一些图片或文字等附加的内容，对全景图起到说明或提示的作用。

41. 场景中箭头所示的位置为一个游艇港，选择嵌入一些该港口的照片，对其进行一些说明。单击【选择图片】导入素材照片，照片的尺寸不要太大，建议为500×500。照片嵌入进来后，用【图片微调】工具将照片放到相应的位置。

44. 进入特效窗口，可以给全景图增加一些特殊效果。如上图所示，我们选择【下雪】特效并可控制雪的大小。现在全景图中就是中雪的效果，但是本例中，三亚是不可能下雪的，反而画蛇添足了，所以设置特效要恰到好处。

42. 预览时可以看到，在游艇港的位置多了一个嵌入的窗口，里面的图片可以滚动播放，或通过鼠标的单击来变换。

45. 再为全景图添加一个阳光特效。单击【设置太阳光】，将阳光图标拖到合适的位置，添加阳光和光斑的效果。

43. 进入音乐窗口，可以在全景图播放时，给不同的场景配上相应的背景音乐和语音讲解。场景缩略图中，左上角有音乐图标的即为配有音乐的场景。

46. 进入浏览窗口，可以看见在海面上出现了日出的效果。这个特效看起来比下雪的特效自然多了。当然，如果天空中的云是朝霞，效果会更自然。

47. 最后我们进入导览窗口，可以将一个普通全景图变成一个VR全景导览图，给特定的景点、街区或建筑进行VR导览了。

48. 如上图所示，我们给全景图不同位置的景点上添加节点，在下面的时间线上就会显示出不同景点的导览顺序。还可以选择图片，给导览图设置片头和片尾。

49. 在预览窗口中单击一键导览，即可进入导览模式，全景图会沿着我们设置的节点路线一个一个地巡游。

50. 当到达一个节点时，会弹出【暂停/播放】和【停止】菜单，讲解员可以在此时进行讲解。到这里，我们已经将一张普通的全景图做成了一个VR全景导览图了。

11.3.2 分享VR全景图

1. VR全景图制作完成后可以进行保存，然后单击作品管理窗口中的【分享】，即可进入分享窗口。在分享窗口中，我们既可以得到VR全景图的作品地址和链接地址，还可以得到作品的二维码。如用微信扫描二维码，就可将其上传到手机微信中进行广泛的分享了。

2. 在手机微信中，可以浏览该VR全景图的效果。

图书在版编目（CIP）数据

轻松玩转无人机航拍 ：拍摄+后期全攻略 / 宋兆锦
著. -- 北京 ：人民邮电出版社，2018.11（2019.7 重印）
ISBN 978-7-115-49052-0

Ⅰ．①轻… Ⅱ．①宋… Ⅲ．①无人驾驶飞机－航空摄
影 Ⅳ．①TB869

中国版本图书馆CIP数据核字(2018)第175620号

◆ 著　　　宋兆锦
　　责任编辑　杨　婧
　　责任印制　周昇亮
◆ 人民邮电出版社出版发行　　北京市丰台区成寿寺路 11 号
　　邮编　100164　电子邮件　315@ptpress.com.cn
　　网址　http://www.ptpress.com.cn
　　北京博海升彩色印刷有限公司印刷
◆ 开本：690×970　1/16
　　印张：13.25　　　　　　　　2018 年 11 月第 1 版
　　字数：374 千字　　　　　　2019 年 7 月北京第 2 次印刷

定价：79.00 元

读者服务热线：**(010)81055296**　印装质量热线：**(010)81055316**
反盗版热线：**(010)81055315**
广告经营许可证：京东工商广登字 20170147 号